全国高等农林院校生物科学类
专业“十二五”规划系列教材

遗传学实验指导

于翠梅　马莲菊　主编

Guide of Genetics Experiments

中国农业大学出版社
China Agricultural University Press

内容简介

本实验教材设置了遗传的物质基础、遗传定律及其验证、细胞质遗传、细菌和病毒遗传、数量性状遗传、近亲繁殖与杂种优势、群体遗传、染色体畸变、分子遗传等9章共32个实验。实验项目选择既注重基础的遗传学实验，如细胞分裂制片与观察、染色体分析及遗传定律验证；又跟踪前沿的实验技术，如DNA和RNA提取鉴定技术、植物数量性状的QTL定位分析及SSR分子标记的遗传分析；同时还结合遗传学在植物育种实践中的应用技术，如植物雄性不育的鉴别、植物杂种优势测定与分析及农杆菌介导的植物遗传转化技术。

图书在版编目(CIP)数据

遗传学实验指导/于翠梅，马莲菊主编. —北京：中国农业大学出版社，2015.8(2024.8重印)
ISBN 978-7-5655-1361-9

Ⅰ.①遗…　Ⅱ.①于…②马…　Ⅲ.①遗传学-实验-高等学校-教材　Ⅳ.①Q3-33

中国版本图书馆CIP数据核字(2015)第181955号

书　名　遗传学实验指导
作　者　于翠梅　马莲菊　主编

策划编辑　赵　艳　潘晓丽　　**责任编辑**　韩元凤
封面设计　郑　川　李尘工作室　　**责任校对**　王晓凤
出版发行　中国农业大学出版社
社　址　北京市海淀区圆明园西路2号　　**邮政编码**　100193
电　话　发行部 010-62818525，8625　　读者服务部 010-62732336
编辑部 010-62732617，2618　　出　版　部 010-62733440
网　址　http://www.cau.edu.cn/caup　　**E-mail** cbsszs@cau.edu.cn
经　销　新华书店
印　刷　天津鑫丰华印务有限公司
版　次　2015年8月第1版　2024年8月第3次印刷
规　格　787×1 092　16开本　9.25印张　230千字
定　价　26.00元

全国高等农林院校生物科学类专业“十二五”规划系列教材
编审指导委员会

（按姓氏拼音排序）

姓　名	所在院校	姓　名	所在院校
蔡庆生	南京农业大学	刘国琴	中国农业大学
蔡永萍	安徽农业大学	刘洪章	吉林农业大学
苍　晶	东北农业大学	彭立新	天津农学院
曹贵方	内蒙古农业大学	秦　利	沈阳农业大学
陈雯莉	华中农业大学	史国安	河南科技大学
董金皋	河北农业大学	宋　渊	中国农业大学
冯玉龙	沈阳农业大学	王金胜	山西农业大学
郭　蓓	北京农学院	吴建宇	河南农业大学
郭立忠	青岛农业大学	吴晓玉	江西农业大学
郭图强	塔里木大学	殷学贵	广东海洋大学
郭兴启	山东农业大学	余丽芸	黑龙江八一农垦大学
郭玉华	沈阳农业大学	张　炜	南京农业大学
李　唯	甘肃农业大学	赵　钢	仲恺农业工程学院
林家栋	中国农业大学出版社	赵国芬	内蒙古农业大学

编写人员

主　编　于翠梅（沈阳农业大学）

马莲菊（沈阳师范大学）

副主编　李春红（沈阳农业大学）

程海涛（沈阳农业大学）

胡超越（塔里木大学）

卜　宁（沈阳师范大学）

参　编　王宏伟（山东农业大学）

王　彬（河南科技大学）

张　欣（天津农学院）

施利利（天津农学院）

曹秀云（沈阳农业大学）

曹　萍（沈阳农业大学）

王升厚（沈阳师范大学）

郑　国（沈阳师范大学）

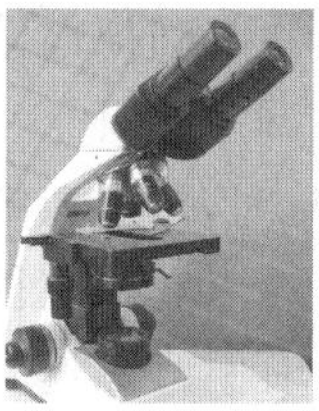

出版说明

生物科学是近几十年来发展最为迅速的学科之一，它给人类的生产和生活带来巨大变化，尤其在农业和医学领域更是带来了革命性的变革。生物科学与各个学科之间、生物科学各个分支学科之间的广泛渗透，相互交叉，相互作用，极大地推动了生物科学技术进步。生物科学理论和方法的丰富和发展，在持续推动传统农业和医学创新的同时，其应用领域不断扩大，广泛应用的领域已包括食品、化工、环保、能源和冶金工业等各个方面。仿生学的应用还对电子技术和信息技术产生巨大影响。生物防治、生物固氮等生物技术的应用，极大地改变了农业过分依赖石化工业的局面，继而为自然生态平衡的恢复做出无可替代的贡献。以大量消耗资源为依赖的传统农业被以生物科学和技术为基础的生态农业所替代和转变。新的、大规模的近现代农业将由于生物科学的快速发展而迅速崛起。

生物科学在农业领域中越来越广泛的应用以及不可替代作用的发挥，既促进了生物科学教育的发展，也为生物科学教育提出了新的更高的要求。农业领域高素质、应用型人才对生物科学知识的需求具有自身独特的使命和特征。作为培养高素质、应用型人才重要途径和方式的农业高等教育亟需探索出符合实际需求和发展的教育教学模式和内容。为此，中国农业大学生物学院和中国农业大学出版社与全国 30 余所高等农林院校合作，在充分汲取各校生物科学类专业教改实践经验和教改成果的基础上，经过进一步集成、融合、优化、提升，凝聚形成了比较符合农林院校教学实际、适应性更好、针对性更强、教学效果更佳的教学理念和教材编写思路，进而精心打造了“全国高等农林院校生物科学类专业‘十二五’规划系列教材”。系列教材覆盖了近 30 门生物科学类专业骨干课程。

本系列教材站在生物科学类专业教育教学整体目标的高度，以学科知识内容关联性为依据，审核确定教材品种和教材内容，通过相关课程教材小规模组合、专家交叉多重审定、编审指导委员会统一把关等措施，统筹解决相关教材内容衔接问题；以统一的编写指导思想因课制宜确定各门课程教材的编写体例和形式。因此，本系列教材主导思想整体归一、各种教材各具特色。

农业是生物科学最早也是应用范围最广的领域，其厚重的实践积累和丰硕成果使得农业高等教育生物科学类专业教学独具特色和更高要求。本系列教材比较好地体现了农业领域生物科学应用的重要成果和前沿研究成就，并考虑到农林院校生源特点、教学条件等，因而具有很强的适用性、针对性和前瞻性。

系列教材编审指导委员会在教材品种的确定、内容的筛选、编写指导思想以及质量把关等环节中发挥了巨大作用。其组成专家具有广泛的院校代表性、学科互补性和学术权威性，以及丰富的教学科研经验。专家们认真细致的工作为系列教材打造成为农林院校生物科学类专业精品教材奠定了扎实的基础，在此谨致深深谢意。

作为重点规划教材，为准确把握教学需求，突出特色和确保质量，教材的策划运行被赋予更为充分的时间，从选题调研、品种筛选、编写大纲的拟制与审定、组织教师编写书稿，直至第一种教材出版至少3年时间，按照拟定计划主要品种的面世需近4年。系列教材的运行经过了几个阶段。第一个阶段，对农林院校生物科学教学现状进行深入的调查研究。2010—2011年，出版社用了近1年的时间，先后多批次走访了近30所院校，与数百位生物科学教学一线的专家和教师进行座谈，深入了解我国高等农林院校生物科学教学的进展状况及存在的问题。第二个阶段，召开教学和教材建设研讨会。2011年12月份，中国农业大学生物学院和中国农业大学出版社组织召开了有30余所院校、100余位教师参加的生物教学研讨会，与会代表就农林院校生物科学类专业教学和教材建设问题进行了广泛和深入的研讨，会上还组织参观了中国农业大学生物学院教学中心、国家级生命科学实验教学示范中心以及两个国家重点实验室，给与会代表留下了深刻的印象和较大的启发。第三个阶段，教材立项编写。在广泛达成共识的基础上，有30多所高等农林院校、近500人次教师参加了系列教材的编写工作。从2013年4月起，系列教材将陆续出版，希望这套凝聚了广大教师智慧、具有较强的创新性、反映各校教改探索实践经验与成果的系列教材能够对农林院校生物科学类专业教育教学质量的提高发挥良好的作用。

良好的愿望和教学效果需要实践的检验和印证。我们热切地期待着您的意见反馈。

中国农业大学生物学院

中国农业大学出版社

2013年3月16日

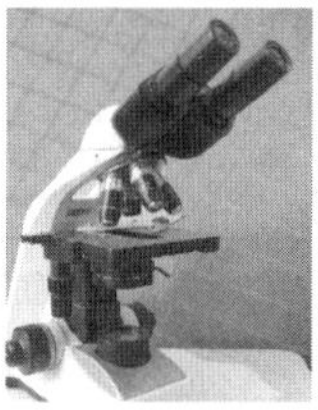

前 言

教育、科技、人才是全面建设社会主义现代化国家的基础性、战略性支撑。遗传学是生物学科重要的分支学科，遗传学实验作为整个学科教学体系中的一个重要环节，在知识与实践、实践与创新的链接上发挥着重要的桥梁作用。遗传学实验教学不仅是为了验证遗传学的基础理论和掌握一些实验技术，更重要的是要提高学生的科学研究能力，培养学生的探索精神、创新意识和创新能力。为此，编者根据多年的实验教学体会，结合参编学校和多数高校的教学大纲、实验教学条件和生源特点，编写了此书。

本实验教材设置了遗传的物质基础、遗传定律及其验证、细胞质遗传、细菌和病毒遗传、数量性状遗传、近亲繁殖与杂种优势、群体遗传、染色体畸变、分子遗传等 9 章共 32 个实验，实验内容依据遗传学的内在逻辑，以基因为主线，涵盖了遗传物质的本质、遗传物质的传递和遗传信息的表达范围内的基本实验技术。

所选用的实验材料既包含果蝇、粗糙链孢霉、大肠杆菌、小鼠等遗传学研究的模式生物，又包含水稻、玉米、小麦、人体等遗传学应用于实践的生物材料。

实验项目选择既注重基础的遗传学实验，如细胞分裂制片与观察、染色体分析及遗传定律验证；又跟踪前沿的实验技术，如 DNA 和 RNA 提取鉴定技术、植物数量性状的 QTL 定位分析及 SSR 分子标记的遗传分析；同时还结合遗传学在植物育种实践中的应用技术，如植物雄性不育的鉴别、植物杂种优势测定与分析及农杆菌介导的植物遗传转化技术。

在具体每个实验项目编写中，我们结合教学和科研工作中的实践经验，力求在实验材料的选择、实验仪器的配备、实验操作方法、步骤等方面更加简便适用，使学生少走弯路；另外，注意介绍与实验相关的知识，扩大学生的知识面；同时，还展示了编者在实验教学和科研工作中拍摄、制作的大量相关试验照片和图片，便于学生对实验内容和遗传学理论有更加直观的理解。

本实验教材具有综合性和实用性强的特点，教师可以根据教学的实际进行选择和调整。本教材采用传统遗传学由宏观到微观的编写体系，可以与中国农业大学出版社出版的《遗传学》（郭玉华主编）教材配套使用。本书广泛适用于植物生产类及生物技术类的师生使用。

编者

2024 年 8 月

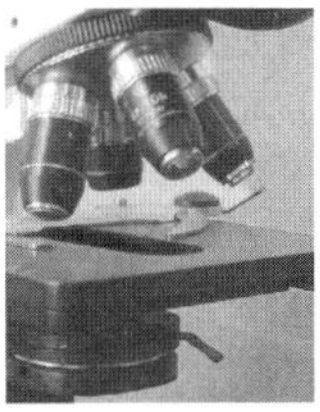

目录

第1章

遗传的物质基础

实验一　植物有丝分裂的制片和观察

[实验目的]

掌握植物根尖压片技术；观察植物细胞有丝分裂过程及各时期染色体的形态变化特征；学习染色体计数的方法。

[实验原理]

有丝分裂是体细胞产生体细胞的过程，常见于根尖、芽尖等分生区细胞。一个细胞周期可分为间期和分裂期。分裂期包括前期、中期、后期和末期四个时期。由于各个细胞的分裂是独立进行的，因此，在同一分生组织中可以看到处于不同分裂时期的细胞，同一时间固定后，就可在同一个装片上观察到细胞分裂的各个时期的图像(图 1-1-1)。

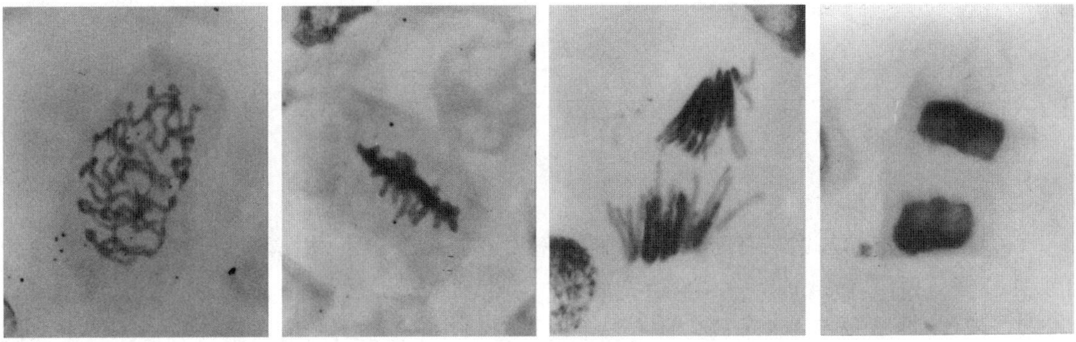

前期　　中期　　后期　　末期

图 1-1-1　黑麦根尖有丝分裂各时期分裂相

植物细胞有丝分裂的常规压片技术是观察植物染色体常用的方法。染色体容易被碱性染料(如碱性品红)着色，通过在显微镜下观察各个时期细胞内染色体的存在状态，就可以判断这些细胞处于有丝分裂的哪个时期，还可以进行染色体计数(图 1-1-2)。植物根尖分生区细胞正处于有丝分裂旺盛期，在这些部位取材制片可以观察到较多的分裂相。

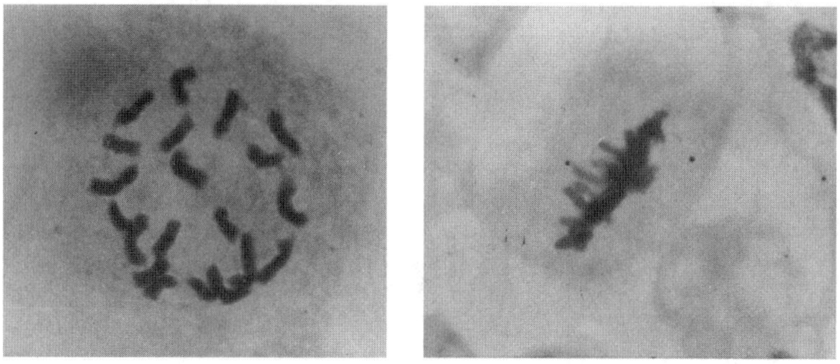

极观　　侧观

图 1-1-2　玉米有丝分裂中期

[实验用品]

1. 实验材料

(1)黑麦($2n=14$)、玉米($2n=20$)、蚕豆($2n=12$)种子。

(2)洋葱($2n=16$)、大蒜($2n=16$)鳞茎。

2. 实验仪器与备品

(1)仪器:培养箱,恒温水浴锅,显微镜。

(2)备品:培养皿,广口瓶,小烧杯,称量瓶,载玻片,盖玻片,镊子,解剖针,刀片,胶头玻棒,滤纸,铅笔,橡皮等。

3. 实验药品

卡诺固定液(乙醇/冰醋酸=3/1,V/V),90%、80%和70%乙醇,1 mol/L 盐酸,45%醋酸,碱性品红染色液。

[实验步骤]

一、材料制备

1. 种子材料的根尖制备

(1)浸种:选取均匀饱满有萌发力的种子,室温(20℃左右)下,用清水浸泡 14~18 h,使种子吸水膨胀。每隔 3~4 h 换一次水。

(2)催芽:将浸泡好的种子放入铺有滤纸的培养皿中,室温或在培养箱(20~25℃)中保湿培养(种子的上下都要加湿润的滤纸)36 h 左右。每隔 3~4 h 用清水冲洗一次。

(3)固定:待根长至 1 cm 左右时,便可以用卡诺固定液进行固定了。一般在上午 9:00~11:00 固定,因为这个时间段分生组织细胞分裂旺盛。黑麦材料由于种子较小,可以将根尖连同种子一起固定,玉米和蚕豆材料一般是将根尖取下固定。固定液的用量一般应为材料体积的 4 倍以上。室温下固定 1~24 h。

(4)保存:将固定材料的固定液倒掉,依次加入 90%乙醇→80%乙醇→70%乙醇,进行置换,每级停留 15~20 min,最后保存在 70%乙醇中,放置在阴凉处备用,也可放入冰箱(0~4℃)中长期保存。

2. 鳞茎材料的根尖制备

将洋葱、大蒜鳞茎的外层老皮剥去，底部老根去掉(注意不要伤到四周的根芽)，置于盛有清水的小烧杯上，底部要与清水接触。每天换水1～2次，以防烂根。室温光照条件下培养2～3 d，待根长至1～3 cm时，于上午9:00～11:00将根尖取下固定。固定和保存的方法同种子材料。

二、解离与软化

1. 解离

植物根尖分生组织的细胞间存在细胞间质，需要用药液进行解离，使组织细胞分开。常用的解离方法有酸解法和酶解法，本实验采用酸解法。下面以黑麦根尖为例叙述解离过程。

取适量的保存于70%乙醇中的黑麦根尖，放入小称量瓶中，加入1 mol/L盐酸，用量以淹没材料为宜，将其放入60℃的恒温水浴锅中(为了避免称量瓶倾倒，可以取一个50 mL的小烧杯，里面加入适量的60℃水浴锅中的水，将称量瓶坐在里面，再将小烧杯放入水浴锅中)，解离10～15 min后取出，倒净盐酸酸解液，用水浴锅中的热水冲洗3～5次，每次停留3～5 min。水洗的目的是为了把根尖中的酸液彻底清洗干净，防止解离过度和影响制片的着色力。

2. 软化

水洗后，将水倒净，加入45%醋酸继续软化，此时即可开始制片。

三、制片与观察

1. 十字压片

取一粒黑麦种子上的2～3条根尖，用刀片切取根尖前端1～1.5 mm的分生区，放在干净的载玻片的1/3处，另取一干净的载玻片，呈十字形交叉盖在第一片有根尖分生区的位置上，用大拇指按压上层载玻片(也可将两载玻片拿起，使右手拇指在上、食指在下，用力挤压材料处)，将根尖压成雾状，这就是十字交叉压片法。注意:压片时两载玻片之间不能移动位置。

2. 染色

将两载玻片分开，此时两张载玻片上都有根尖细胞，立即向有材料处各加一小滴碱性品红染色液，随即加上干净的盖玻片进行染色，染色时间为5～10 min。注意:加盖玻片时不要产生气泡。正确的方法是:用镊子夹住盖玻片，让盖玻片的一边靠在离材料不远的载玻片上，接触到染色液，然后将其徐徐放下。

3. 敲片和压片

染色后，用两层滤纸包在盖玻片位置，用胶头玻棒敲击有材料的部位，以达到细胞分散的目的。敲片后，用拇指从盖玻片上方垫着滤纸用力压下去，这样既可以挤出多余的染色液，又可使细胞压在一个水平面上，便于观察。注意:敲片的力度要掌握好，以防敲碎玻片;敲片和压片时，盖玻片和载玻片之间不能相互移动，否则会将根尖细胞捻变形，导致观察不到分裂相。

4. 镜检和绘图

将制好的装片放在显微镜载物台上，将有材料的部位移入光路，先用10倍物镜调焦，看清细胞，找到分裂相后，再转换成高倍物镜做进一步细致的观察，将比较典型的分裂相绘于实验报告本上。注意:转换成高倍物镜后，只能用微调旋钮，不能用粗调旋钮，以免压碎装片，划伤损坏镜头;要用铅笔绘图，绘图要真实形象，绘临摹图而不是模式图。

本实验的全部操作流程为：选材→浸种→催芽→固定→保存→解离、软化→取根尖分生区→十字压片→染色→加盖玻片→敲片、压片→镜检→绘图。

[注意事项]

1. 不同的材料，解离时间会有所不同，应根据材料的解离程度灵活掌握，一般情况下，在规定的时间内宁长勿短。

2. 解离后，水洗一定要彻底，否则可能会造成染色失败。

[作业及思考]

1. 每人制作两张分裂相清晰的片子，将观察到的有丝分裂的 4 个时期绘图于实验报告册上，并简要说明染色体的行为特征。

2. 进行染色体计数时，是中期细胞的侧面观还是极面观更方便检测？

实验二　植物减数分裂的制片和观察

[实验目的]

掌握植物花粉母细胞减数分裂涂抹制片技术；观察植物细胞减数分裂全过程及各时期染色体的形态变化特征；学习染色体计数的方法。

[实验原理]

减数分裂是一种特殊的有丝分裂，又称为成熟分裂，是性母细胞产生性细胞的过程。一个性母细胞，染色体复制一次，细胞连续分裂两次，结果产生 4 个染色体数目减半的子细胞。

用涂抹法制作植物花粉母细胞减数分裂装片技术是最基本的细胞学研究技术，简单易行，效果良好。因此，在检查染色体数目、观察染色体变异及染色体分带技术中被广泛采用。

对于同一朵花中的花药内的花粉母细胞减数分裂几乎是同步的，因此，要观察到减数分裂的各个时期，需要取不同花的花药，做多张装片才能观察全。

[实验用品]

1. 实验材料

(1)黑麦($2n=14$)幼穗、玉米($2n=20$)雄幼穗。

(2)大葱($2n=16$)花序。

2. 实验仪器与备品

(1)仪器：显微镜。

(2)备品：培养皿，广口瓶，剪刀，镊子，解剖针，刀片，载玻片，盖玻片，滤纸，铅笔，橡皮等。

3. 实验药品

卡诺固定液(乙醇/冰醋酸$=3/1$，V/V)，90%乙醇、80%乙醇和 70%乙醇，醋酸洋红染色液。

[实验步骤]

一、材料制备

1. 黑麦幼穗的制备

(1)取材与固定:在黑麦挑旗期,上午 9:30～11:30,剪取叶枕距(旗叶叶枕与相邻叶叶枕之间的距离)为 0.5～1.0 cm 的幼穗,剥去外面的苞叶,立即放入装有卡诺固定液的广口瓶中进行固定。固定液的用量一般应为材料体积的 4 倍以上。室温下固定 1～24 h。

(2)保存:将固定材料的固定液倒掉,依次加入 90%乙醇→80%乙醇→70%乙醇,进行置换,每级停留 15～20 min,最后保存在 70%乙醇中,放置在阴凉处备用,也可放入冰箱(0～4℃)中长期保存。

就一个黑麦幼穗的发育而言,中上部最先发育,向上向下渐晚;一个小穗上的两朵小花的发育也有差异;一朵小花的三枚花药发育时期基本一致。

2. 玉米雄幼穗的制备

(1)取材:在玉米大喇叭口期,上午 7:00～9:00,用手由上至下探捏玉米叶鞘,当捏及有松软感时,表明此处即为雄花序所在的位置。用刀片纵向切开叶鞘,取出数条分枝检查,若先端的小分枝长 3～4 cm 时,即可取材固定。

(2)固定与保存:同黑麦幼穗。

3. 大葱花序的制备

将冬季储藏的大葱于 3 月移栽盆中,待长出花苞后取材;也可以于 3、4 月份,从市场买带嫩绿色花苞的大葱取材。选择刚刚抽出葱叶的花苞最为合适。取材时间为上午 9:00 左右,剥去花苞的外苞被,之后将花序放入卡诺固定液中固定。固定和保存的方法同黑麦幼穗。

二、制片与观察(以黑麦为例)

1. 取花药

取保存于 70%乙醇中的黑麦幼穗,置于培养皿中。用镊子从幼穗上取一朵小花(记住该小花在幼穗上的位置),放在干净的载玻片上,用镊子和解剖针剥出小花中的三枚花药,置于载玻片的 1/3 处。

2. 染色

在花药处加一滴醋酸洋红染色液,用刀片或解剖针将花药横向切断,再用解剖针或镊子轻轻挤压花药,使其内部的花粉母细胞被挤压到染色液中。然后用镊子捡出肉眼可见的花药壁残渣,盖上干净的盖玻片,染色 5 min 左右。盖玻片的正确盖法见实验一。

3. 初步镜检

将上述玻片置于低倍镜(一般用 10 倍物镜)下,寻找花粉母细胞,观察是否有分裂相。视野中可能会看到几种细胞:①花粉母细胞,即目标细胞,又圆又大,处于分裂期时可看见染色很深的染色体;②花药壁细胞,未捡净的花药壁残渣,细胞小且连成片状,细胞核也很小;③绒毡层细胞,即花药壁内侧的体细胞,较小,呈不规则多边形,且有 2 个较大的细胞核;④小孢子,较小,呈扇形或卵形,是减数分裂结束后四分体脱开形成的。

若观察到分裂期的花粉母细胞后,可以进行下一步处理,否则,要以本次取小花的位置为参考,选取合适的小花重新制片。

4. 压片

将有分裂相的玻片包被滤纸后，用右手拇指从盖玻片处匀力压下去，一次即可。压片的目的之一是为了挤出多余的染色液，之二是把细胞压扁在一个平面上，使染色体分散开来，便于观察。注意：压片时，载玻片和盖玻片之间千万不要相互移位，否则会使细胞错位变形，导致无法观察。

5. 再镜检和绘图

将制好的装片放在显微镜载物台上，先用 10 倍物镜调焦，看清细胞，找到分裂相后，再转换成高倍物镜做进一步细致的观察，并将典型的分裂相绘于实验报告册上。注意：显微镜的使用和绘图要求同实验一；观察时注意区分花粉母细胞、花药壁细胞、绒毡层细胞和单核花粉粒（图 1-2-1、图 1-2-2）。

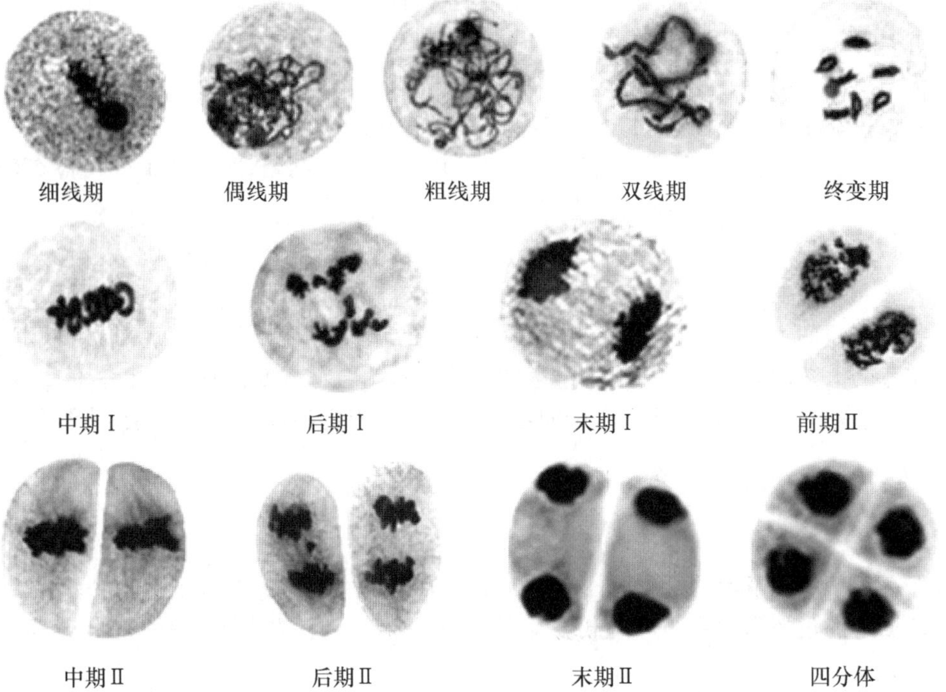

图 1-2-1　黑麦花粉母细胞减数分裂

本实验的全部操作流程为：取材→固定→保存→取花药→染色→横断挤压花药→捡出残渣→加盖玻片→初镜检→压片→再镜检→绘图。

[注意事项]

1. 压片不得用力过猛，以免将细胞压碎。

2. 染色液不宜多用，否则压片时，花粉母细胞会随着染色液被压到盖玻片外。

3. 注意区分花粉母细胞、绒毡层细胞及单核花粉粒。花粉母细胞为圆球状、核大、着色浅、单核；绒毡层细胞为多边形、双核、核小且染色深；单核花粉粒为长圆形、体积远比花粉母细胞小。

4. 注意区分中期Ⅰ和中期Ⅱ、后期Ⅰ和后期Ⅱ，第一次分裂是在圆球状细胞中进行，第二次分裂是在两个半月形细胞中进行。

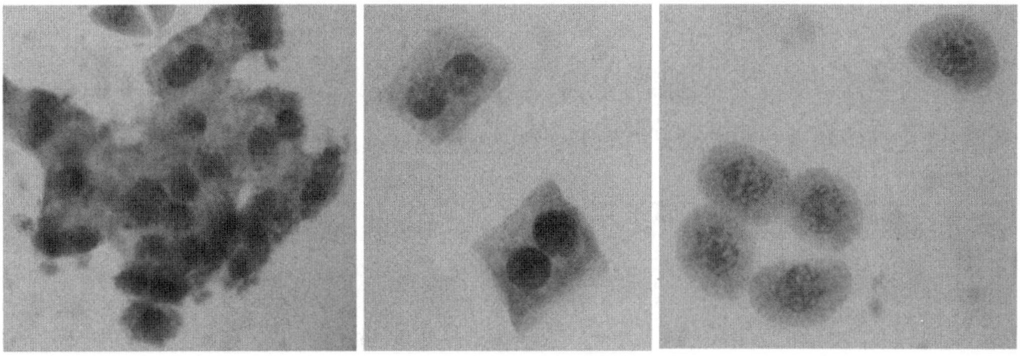

图 1-2-2　黑麦花粉母细胞减数分裂制片视野中其他细胞形态

[作业及思考]

1. 每人制作 3～4 张分裂相清晰的片子，将观察到的减数分裂的典型分裂相绘图于实验报告本上，并简要说明染色体的行为特征。

2. 减数分裂的哪个时期是进行染色体计数的最佳时期？

实验三　永久片制作

[实验目的]

了解临时片制作为永久片的原理，掌握永久片制作的方法，掌握不同制作方法脱水剂的配制和应用。

[实验原理]

用植物根尖细胞压片法或花粉母细胞涂抹法制成的临时片，若材料染色清晰、分裂相符合要求，一般可用石蜡、甘油胶冻或指甲油将盖玻片的四周封固，在冰箱中可保存一周左右。但时间过长，物像收缩，颜色变浅，难以观察鉴别。因此，对一些效果好的片子要长期保存，就必须改制为永久片，以便进一步观察和研究。

永久片的制作程序包括脱去临时片的盖玻片、材料脱水、透明和封片。

压片法或涂抹法制成的临时片，材料中含有较多的水分，放置时间长了，水分蒸发，材料颜色变深后无法鉴别。因此清除制作过程中的水分及材料中的水分，防止材料变质是至关重要的。其中材料脱水干净和透明良好是制好永久片的关键。因此需要用适当的脱水剂和透明剂。目前较理想的脱水剂有正丁醇和叔丁醇，它们都能与最常用的脱水剂乙醇混合使用，并具有良好的透明效果，且能与封藏剂树胶混合，有利于封片，材料也不会发生收缩和硬化等问题。另外，还有烘片法和冰冻法去除临时片里的水分。透明剂有二甲苯、正丁醇、甲苯、氯仿、丁香油等。好的封片剂要求折光率与玻璃折光率相似，观察时材料不至于变形。加拿大树胶是一种中性树胶，它的折光率与玻璃的折光率十分相近，因此它是普遍应用的一种封片剂。

［实验用品］

1. 实验材料

经镜检分裂相清晰符合要求的洋葱、大麦、蚕豆、玉米或大蒜根尖有丝分裂的临时片，玉米、小麦、大葱等花粉母细胞减数分裂的临时片。

2. 实验仪器

冰箱、玻璃棒、毛笔、培养皿、载玻片、盖玻片、双层瓶、标签纸、镊子、刀片、解剖针、木夹、吸水纸、显微镜等。

3. 实验药品

正丁醇、叔丁醇、45％醋酸、95％乙醇、冰乙酸、二甲苯、中性树胶、无水乙醇及梯度乙醇等。

［实验步骤］

一、脱盖玻片

脱片的目的是使临时性压制的片子的盖玻片与载玻片分离。临时片是用石蜡封片，先用刀片将盖玻片周围的石蜡刮净，用毛笔刷掉石蜡屑后，再蘸少许二甲苯擦去载玻片与盖玻片上的残留石蜡，或用乙酸除去水溶的封片剂。脱片的方法有：

冰冻揭片法：把临时片放在冰箱的冰格内或用干冰、制冷器等使片子迅速冻结，然后趁冻用刀片揭开盖玻片。

固定液（脱片液）脱片法：把临时压片置于盛有固定液（3 份 45％醋酸和 1 份 95％乙醇混合液）或脱片液（1 份 45％醋酸＋1 份 95％乙醇）的培养皿内，使盖片向下，载片的一端垫一玻璃棒，使载玻片有一定的倾斜角度（图 1-3-1）。不久，盖玻片就会与载玻片分离开，自然滑落在培养皿里。如果盖片较长时间不脱落，可用刀片轻轻撬一下盖玻片，使其脱落。一般情况下，脱片后其材料大部分粘在盖玻片上，载玻片上则很少。盖玻片脱落后 2～3 min，分别取出盖玻片和载玻片，用吸水纸将玻片上的溶液吸干。

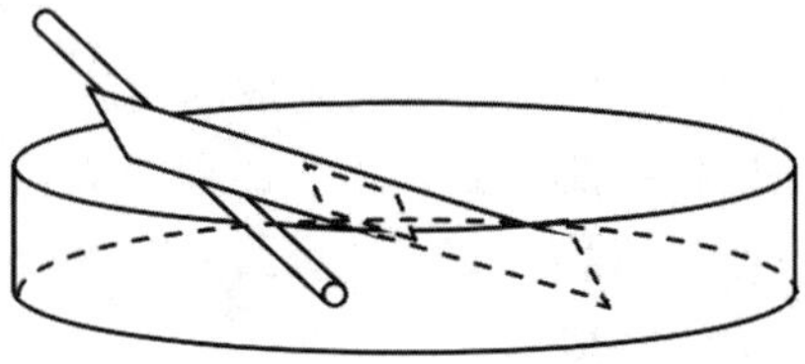

图 1-3-1　载玻片倒置放入培养皿中示意图

二、脱水、透明

取 3 只培养皿，分别加入脱水剂Ⅰ、Ⅱ、Ⅲ。在培养皿上各放一个玻璃棒。脱片后的盖玻片、载玻片稍干后，将有材料的面朝上，迅速放入脱水剂Ⅰ中浸泡 3～5 min 后，保持盖玻片的有材料面朝上依次移入脱水剂Ⅱ、Ⅲ中，各浸泡 3～5 min。

（1）正丁醇法

脱水剂Ⅰ：95％乙醇∶正丁醇＝2∶1。

脱水剂Ⅱ：95％乙醇∶正丁醇＝1∶2。

脱水剂Ⅲ：只有正丁醇。

或在脱水剂Ⅰ、Ⅱ中，可用冰乙酸替代95%乙醇。

(2)叔丁醇法

脱水剂Ⅰ：只有95%乙醇。

脱水剂Ⅱ：95%乙醇∶叔丁醇=1∶1。

脱水剂Ⅲ：只有叔丁醇。

(3)乙醇-二甲苯法

脱水剂Ⅰ：无水乙醇。

脱水剂Ⅱ：无水乙醇∶二甲苯=1∶3。

脱水剂Ⅲ：只有二甲苯。

(4)自然干燥法：不用任何试剂脱水，把分离开的盖玻片和载玻片置于37℃以下2～3 d即可。

三、封片

从脱水剂培养皿中取出载玻片和盖玻片，用吸水纸吸去多余液体，有材料面朝上，放在干净的载玻片上；或以自然干燥法脱水的盖玻片和载玻片，在显微镜下镜检，若分裂相多且完好，则可进行封片。

将干净的载玻片平放在一张画有载玻片和盖玻片位置的白纸上，这样可以保证封出的各个片子位置统一，比较美观。从双层瓶中取出蘸有中性树胶(或加拿大树胶)的细玻璃棒，对准载玻片原来盖玻片的位置滴一滴树胶，随即用镊子夹住盖玻片，材料面朝下，对准滴胶位置，先倾斜一定角度然后缓慢放下，使盖玻片随着树胶的扩展自然下滑，此时盖玻片的重力可以把胶滴压散开来，最后用镊子将盖玻片调正，并轻轻挤压盖片，排走气泡。

四、干燥

封好的片子让其自然干燥或置温箱内干燥，干燥好的片子就能永久性保存使用。若盖玻片溢出树胶，用二甲苯轻轻擦掉。

五、贴标签

在片子的右侧贴上标签，注明标本名称、分裂时期(镜检得知)、制作者姓名、制作日期等，如图1-3-2所示。

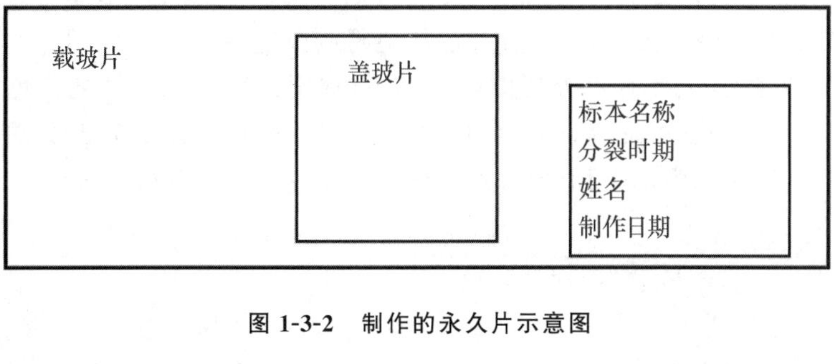

图1-3-2　制作的永久片示意图

[注意事项]

1. 分别在固定液(脱片液),脱水剂Ⅰ、Ⅱ、Ⅲ中浸泡时,注意保持载玻片和盖玻片原来相对的方向和位置,同时注意操作要轻巧,以免造成玻片上材料漂失。

2. 滴加树胶盖片后,切不可施压或移动盖玻片。

3. 动作要迅速,防止水汽进入,不要对准材料呼吸,在冬天要戴上口罩操作。

4. 盖片后若树胶中有气泡,可让其自行逸出或用烧热的解剖针针尖烫一下,使气泡逸出。

5. 冰冻揭片法操作时,注意从冰箱中拿出玻片后,快速揭开盖玻片,勿等霜花融化后再揭开。在有霜花时揭开,材料不易移动,且冰晶容易升华,材料可快速脱水干燥。

[作业及思考]

1. 每人制作清洁完整的永久片1张。

2. 分析永久片制作成败的原因。

实验四　植物细胞染色体组型分析

[实验目的]

观察分析植物细胞有丝分裂中期染色体的长短、臂比和随体等形态特征,掌握染色体组型分析方法。

[实验原理]

各种生物染色体的形态、结构和数目都是相对稳定的。细胞中的一组非同源染色体,它们在形态和功能上各不相同,但是携带着控制一种生物生长发育、遗传和变异的全部信息,这样的一组染色体,叫作一个染色体组。染色体组型是指某一物种所特有的一组染色体的形态、结构、数目等特征。染色体组型分析,也称核型分析,就是通过研究某一生物染色体的数目及染色体的主要形态特征,如染色体的长度、臂比、着丝点的位置、随体有无等,来描述和阐明该种生物的染色体组成及类型,为细胞遗传学、分类学及进化学研究提供理论依据。

染色体组型分析主要对染色体标本或其放大照片上的各条染色体进行测量、对比分析,而后依次进行配对、排列、分类、剪贴,进而对各染色体的形态特征做出描述。植物染色体组型分析方法分为两大类,一类是分析体细胞有丝分裂时期的染色体数目和形态。另一类是分析减数分裂时期的染色体数目和形态,这两种方法均能得到染色体组型。利用有丝分裂时期的染色体进行组型分析,通常选择有丝分裂中期的细胞,利用减数分裂时期的染色体进行组型分析,通常选择终变期或中期Ⅰ细胞,这三个时期染色体形态明显,且易于计数,是染色体组型分析最佳时期。在实际应用中,利用有丝分裂中期染色体进行组型分析的较多。

[实验用品]

1. 实验材料

植物有丝分裂多发生于植物不同部位的分生组织区,而根尖、茎生长点的分生组织区容易进行培养和取材，是进行染色体组型分析的常用材料。本实验中以蚕豆(双倍体，12 条染色体)种子为材料。

2. 实验仪器

显微镜、水浴锅、烧杯、载玻片、盖玻片、镊子、刀片、解剖针、吸水纸、铅笔(带橡皮头)、毫米尺、剪刀、胶水。

3. 实验药品

无水乙醇、70%乙醇、冰乙酸、1 mol/L 盐酸、1%乙酸洋红、卡诺氏固定液。

[实验步骤]

一、染色体标本玻片的制作

1. 种子萌发和取材

取蚕豆种子放入盛有蒸馏水的容器中室温下浸泡 24 h，种子吸水膨胀后转入铺有吸水纸的种子发芽皿中，在上面盖上湿纱布。将种子发芽皿置于 20℃下遮光培养，待根长至 2 cm 左右时将其剪下备用。

2. 根尖预处理

将根尖放入预处理液中浸泡 3～4 h，常用的预处理液包括：0.01%～0.2%秋水仙素溶液，或 0.002～0.004 mol/L 8-羟基喹啉，或对二氯苯饱和水溶液，或放入冰箱冷藏室(0～4℃)进行冷冻处理 24 h。

3. 固定

预处理后的根尖放入卡诺氏固定液中固定 24 h，固定后的材料经乙醇脱水后转入 70%乙醇中，置于 4℃冰箱中可以长期保存。

4. 解离

将根尖从固定液或 70%乙醇中取出，用蒸馏水清洗干净，转入 1 mol/L 盐酸溶液中，置于 60℃水浴中解离 15 min。解离后的根尖用蒸馏水冲洗数次至无酸残留，再置于蒸馏水中备用。

5. 制片

挑取根尖用刀片切下分生组织区置于载玻片中央，滴 1～2 滴 1%乙酸洋红染液，染色 10 min，染色期间可用解剖针按压材料，使材料分散易于染色，染色后盖上盖玻片，用吸水纸吸去多余的染液，再用吸水纸覆盖在盖玻片上，用铅笔带橡皮头的一端垂直轻敲材料处，使材料越分散越好。

6. 镜检

在低倍镜下找到分生组织区细胞，再依次调到高倍镜下进行有丝分裂中期细胞的寻找，至少找到 5 个中期分裂细胞。

观察细胞的标准为(图 1-4-1)：

(1)细胞数目完整，轮廓清晰，染色体分布在同一水平面上。

(2)染色体形态良好，随体和着丝点明显且没有断裂。

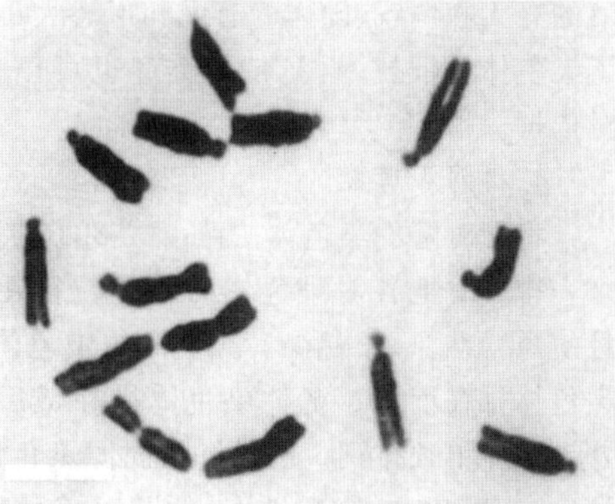

图 1-4-1　蚕豆根尖细胞有丝分裂中期染色体

(3)染色体分散均匀,没有重叠。

7.数码显微照相和放大

将在显微镜下选定的符合要求的细胞进行数码显微照相(可用 10×100 倍的油镜),然后选取图像清晰的图片,放大、洗印出染色体形态清晰的照片。在显微照相的同时,对镜台测微尺进行同样倍数(油镜 10×100 倍)拍摄,放大,然后根据照片上的实际长度,计算放大倍数。

二、染色体照片测量分析

1.测量

在放大的照片上用透明尺准确地量出各条染色体的总长度和每条染色体两臂的长度(分别量到着丝点的中部)。随体的长度可计入或不计入染色体长度之内,应注明。染色体弯曲不能用直尺测量时,可先用细线量取染色体相等的长度,再用尺量出细线的相应长度。

2.计算

(1)放大倍数

$$放大倍数=\frac{放大照片上某染色体的照片长度(\mu m)}{目镜测微尺测定的实际长度(\mu m)}$$

(2)绝对长度

$$绝对长度(\mu m)=\frac{某染色体照片长度(\mu m)}{放大倍数}$$

(3)相对长度

$$相对长度=\frac{单个染色体的长度}{整套染色体组的总长度}\times 100\%$$

(4)臂比

$$臂比=\frac{长臂长度(\mu m)}{短臂长度(\mu m)}$$

(5)着丝粒指数

$$着丝粒指数=\frac{短臂长度(\mu m)}{染色体全长(\mu m)}\times 100\%$$

3.配对

将放大照片上的各条染色体剪下,根据目测和染色体的相对长度、臂比、着丝点位置、次缢痕的有无和位置、随体的有无和形态大小等特征,进行同源染色体配对。如果在前处理中应用了染色体显带技术,显带的类型也可作为同源染色体配对依据。

4.排列和剪贴

将配对好的染色体按照由大到小的顺序依次排列起来。排列时把各对染色体的着丝粒排在一条直线上,并且使短臂在上,长臂在下。等长的染色体,把短臂较长的染色体排在前面。随体染色体排在最后,性染色体和额外染色体单独排列。已排好的同源染色体按染色体编号先后顺序粘贴在绘图纸上,粘贴时着丝粒要处在同一直线上(图 1-4-2)。

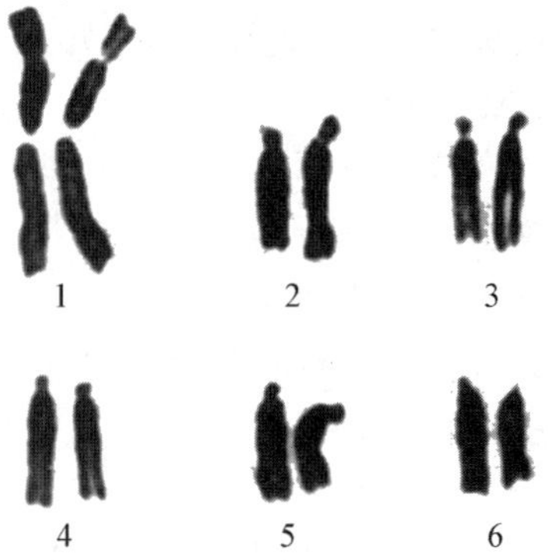

图 1-4-2　蚕豆染色体组型

5. 分类

臂比是反映着丝点在染色体上的位置，根据着丝点的位置，确定染色体的形态类型（表 1-4-1）。

表 1-4-1 染色体类型及分类标准

臂比	染色体类型	符号
1.0	正中着丝粒染色体	M
1.0～1.7	中着丝粒染色体	m
1.7～3.0	近中着丝粒染色体	sm
3.0～7.0	近端着丝粒染色体	st
7.0 以上	端着丝粒染色体	t

6. 填表

将上述结果整理成“染色体形态测量数据表”，见表 1-4-2。

表 1-4-2 染色体形态测量数据表

染色体序号	绝对长度/μm	相对长度/μm	长臂长度/μm	短臂长度/μm	臂比	着丝粒指数	染色体类型
1							
2							
3							
4							
5							
6							

7. 综合描述

（1）染色体总数：统计细胞数量不少于 30 个，且统计的细胞中染色体数目应该恒定一致，蚕豆染色体总数为 12。

（2）染色体公式：统计细胞数量不少于 5 个，蚕豆染色体公式为 $2n=2m(\mathrm{SAT})+10t$，其中 SAT 代表随体染色体。

（3）染色体的大小：根据染色体的长度分为三类，极小染色体（≤1 μm）、中染色体（4～12 μm）、大染色体（≥12 μm）。

8. 翻拍和绘图

将剪贴排列的染色体组型图进行翻拍，并用坐标纸绘制成染色体模式图（图 1-4-3）。

［注意事项］

1. 实验材料的选择必须满足染色体组型分析要求。

2. 测量数据的计量单位可以是 μm 和 mm，要求全班应该统一。数据计算结果中小数点位数保留 2 位。

3. 出现同源染色体的两条姊妹染色单体的测量值有差异时，染色体形态测量数据表填写的数据应该是两条姊妹染色单体的平均值。

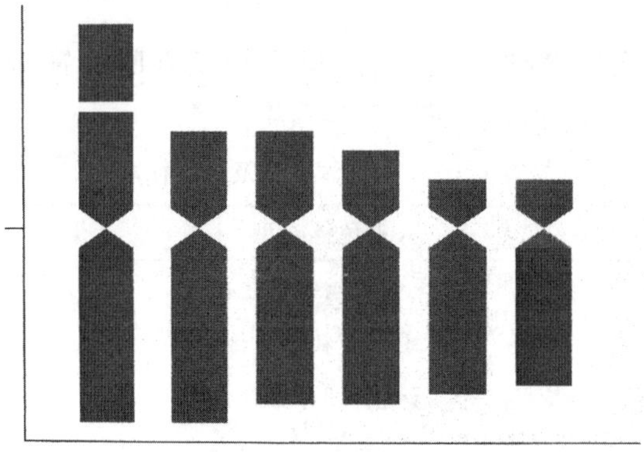

图 1-4-3　蚕豆染色体组型分析模式图

（来源：祝水金，遗传学实验指导，2005）

[作业及思考]

1. 简述同源染色体配对的依据。

2. 对一种植物进行组型分析，完成该植物的染色体组型图、数据表和核型公式。

3. 查阅相关文献简述染色体组型应用领域与意义。

实验五　动物骨髓细胞染色体组型制片

[实验目的]

初步掌握动物细胞染色体观察的制片技术和染色体组型分析的方法。

[实验原理]

动物染色体标本的制备在原则上可以从所有发生有丝分裂的组织或细胞悬浮液中得到。最常用的途径是从骨髓细胞、血淋巴细胞和组织培养的细胞制备。

本实验进行无尾两栖类骨髓细胞染色体直接制片法。在骨髓细胞中，有丝分裂的指数是相当高的，因此可得到中期细胞，通过骨髓得到染色体是比较简便的，一般也无须无菌操作。为了提高有丝分裂的指数，可在取材前经腹腔注射有丝分裂抑制剂，一般常用秋水仙素。这种方法适用比较小的动物。

[实验用品]

1. 实验材料

无尾两栖类活体（蟾蜍 $2n=22$）。

2. 实验仪器

小镊子，解剖针，小剪刀，2 mL 注射器，5＃或 6＃针头，滴管，离心管，试管架，离心机，载片，显微镜，天平，烧杯，洗瓶，酒精灯，火柴，玻璃板。

3. 实验药品

(1) 0.1%秋水仙素:1 000 μg/mL。

(2) 0.075 mol/L KCl:称取 0.559 g KCl(相对分子质量 74.56)溶于 100 mL 蒸馏水中。

(3) 固定液:甲醇:冰醋酸=3:1,现用现配。

(4) Giemsa 原液。

(5)磷酸缓冲液:一般用 pH 6.8~7.2 的磷酸缓冲液。

Giemsa 染色时以 1/15 mol/L 磷酸缓冲液,按所要求的比例稀释使用。至于染液的 pH,由磷酸缓冲液决定。

[实验步骤]

一、制片

1. 前处理

取新捕获的健壮的无尾两栖类成体,于解剖前 4~20 h,腹腔注射秋水仙素 15~20 μg/g 体重(4 mg/kg)。如为非新捕获的,还需先剪去后肢,2 d 后解剖。

2. 解剖、取材、低渗

杀死动物,取出两侧股骨与胫骨,去掉附在腿骨上的肌肉,用生理盐水冲洗骨面上的血污及肌肉碎渣,然后剪去两端骨骺,以 2 mL 注射器吸取 0.075 mol/L KCl 低渗液冲洗骨骺断面,将骨髓冲至离心管内。需反复冲洗,尽可能多地把骨髓细胞冲入管内,直到断面由红色变粉或变白色为止。离心管中细胞悬浮液可达 4~5 mL,低渗处理 15 min 后加 1 mL 固定液,打匀。

3. 离心

2 000 r/min,离心 7 min,吸去上清液。

4. 固定

沉淀物加固定液 4 mL,打匀,室温固定 20~30 min。

5. 离心

2 000 r/min,离心 7 min,去上清液。

6. 再固定

沉淀物加固定液 4 mL,打匀,室温固定 20 min。

7. 离心

2 000 r/min,离心 7 min,去上清液。

8. 滴片

加 0.2~0.3 mL 固定液,打匀。取冰水中预冷的载片,甩净冰水,滴 2~3 滴细胞悬液在冰片上,滴液不要重叠。立即用嘴吹散,将载片平放,风干或烤干。每份样品制片两张。

9. 染色

用 Giemsa 原液 1 mL 加 9 mL 的磷酸缓冲液,配成使用液。可在染缸中染色,也可在玻璃板上进行扣染,即将有材料的载片反扣在垫有火柴棍的玻璃板上,用吸管将染色液缓缓打入载片与玻璃板之间的空隙中,注意不要有气泡,染色时间为 15 min 左右。染色后的载片用细流自来水或洗瓶中的水冲洗,自然干燥后即可在显微镜下观察。

10. 镜检

先在低倍镜下观察寻找中期细胞分裂相，选择染色体分散好、不重叠或很少重叠的细胞分裂相，再在高倍镜或油镜下观察染色体的形态(图 1-5-1)。

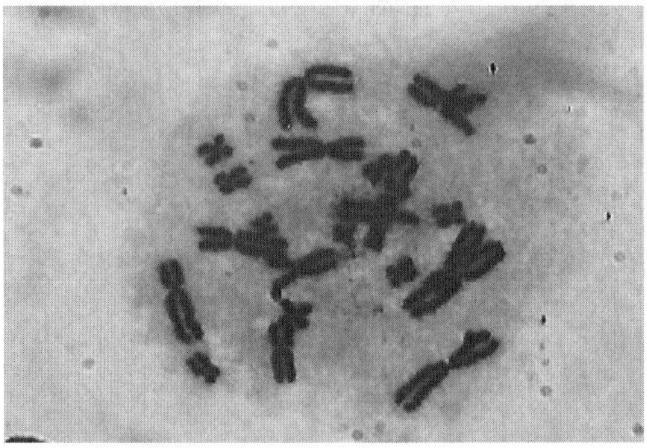

图 1-5-1 蟾蜍细胞中期染色体

二、核型显微摄影及分析

对染色体玻片标本进行拍摄并进行染色体组型分析(图 1-5-2)。

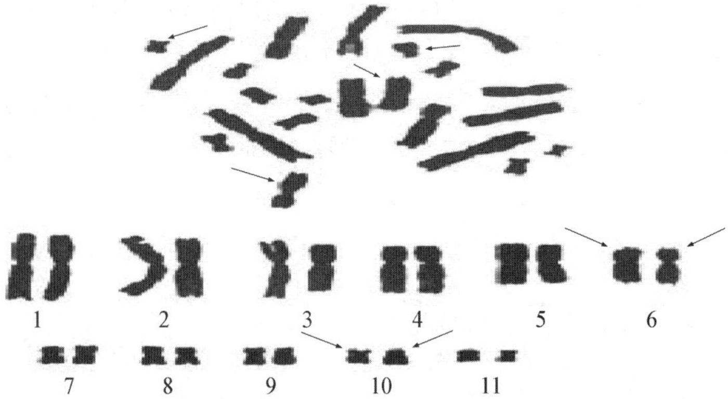

图 1-5-2 中华大蟾蜍(*Bufo bufo gargarizans*)的分裂相及核型分析图
箭头分别指带有随体的第六染色体及同型的性染色体(ZZ/ZW 决定型)第十染色体。

[注意事项]

1. 载玻片要事先在冰水中预冷。
2. 滴片时要保证一定高度，以便染色体分散开来。

[作业及思考]

1. 在低倍、高倍镜及油镜下观察 Giemsa 染色后的染色体制片，找出分散适度的中期染色体图像，熟悉染色体形态，统计染色体数目。
2. 用 Giemsa 液染色时，为什么必须用染缸或采取扣染的方式?
3. 0.075 mol/L KCl 的作用是什么?
4. 绘制蟾蜍骨髓细胞染色体图。

实验六 果蝇唾腺多线染色体观察

[实验目的]

1. 学习剥离果蝇三龄幼虫唾腺的操作方法，掌握唾腺染色体的制片技术。
2. 观察果蝇唾腺染色体的形态特征，了解果蝇唾腺染色体在遗传学研究中的意义。

[实验原理]

双翅目昆虫(摇蚊、果蝇等）的幼虫唾腺细胞内染色体即唾腺染色体比普通染色体大得多，宽约 5 μm，长约 400 μm，是普通染色体的 100～150 倍，因而又称为巨大染色体(giant chromosome)。唾腺染色体的同源染色体处于紧密配对状态，即“体细胞联会”，染色体经过多次复制，且复制后的染色质丝彼此不分开，平行地排列成一条巨大染色体，每条染色体有 1 000～4 000 拷贝的染色质丝，所以又称为多线染色体(polytene chromosome)。

果蝇体细胞染色体数目 $2n=8$，其中第 1 染色体为性染色体，第 2、3 染色体是中间着丝粒染色体，第 4 染色体为很小的粒状染色体。在唾液腺细胞的核内，由于同源染色体发生紧密而精确地配对，2 条同源染色体合并为 1 条，所以只能看到 4 条染色体。同时，由于每对染色体的着丝粒都聚集到一起而形成染色中心(chromo-center)，雄性果蝇的整条 Y 染色体甚至全部都参与到染色中心的组成，所以在光学显微镜下可见从染色中心处伸出 5 条长臂，它们分别是 X 染色体的 1 条臂(X)和第 2、3 染色体的左臂(2L，3L)、右臂(2R，3R)，而第 4 染色体从染色中心伸出很短的臂，如图 1-6-1 所示。

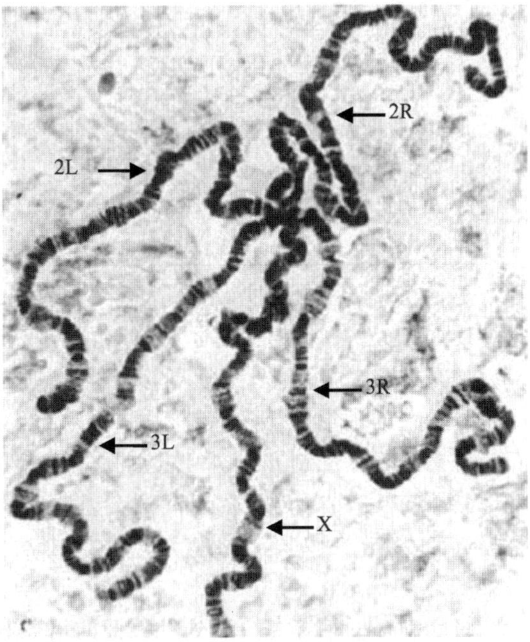

图 1-6-1 果蝇唾液腺染色体的 5 条臂
(引自穆国骏等，遗传学实验指导，2012）

染色质丝的不同部位螺旋化程度不同。经染色后，出现深浅不同、密疏各异的横纹(band)。在染色体臂上还可看到某些横纹通过染色体的解旋、膨大形成的疏松区(puff)，富含转录出来的 RNA，因此不着色，是基因活动的区域。在个体发育的不同阶段，疏松区在染色体上出现的部位不同，因此可以研究基因的表达，开展各种染色体变异的研究等。对一种果蝇来说，带纹的宽窄、数目、位置等特征是恒定的。每条横纹在染色体上的位置比较固定，可以依据横纹的特征结构准确鉴别果蝇染色体上的不同区域。不同物种、不同染色体的不同部位横纹的形态特征是固定的，因此，根据染色体各条臂横纹特征能准确识别各条染色体。由于它的巨大性及其染色体上的横纹特征，唾腺染色体是遗传学上研究染色体形态结构及染色体畸变的好材料，如染色体有缺失、重复、倒位、易位等，很容易在唾腺染色体上识别出来。因此,唾腺染色体广泛应用于细胞遗传学、发育遗传学、进化遗传学等的研究中。

[实验用品]

1. 实验材料

果蝇(*Drosophila melanogaster*,$2n=8$)的3龄幼虫活体。

2. 实验仪器

双目解剖镜、显微镜、载玻片、盖玻片、镊子、解剖针、吸水纸、酒精灯、广口瓶。

3. 实验药品

0.7%生理盐水,1 mol/L 盐酸,蒸馏水,醋酸洋红,醋酸,乙醚。

[实验步骤]

一、果蝇的饲养

1. 培养基制备

果蝇的饲养以酵母菌作为主要食料,因此实验室内凡能发酵的基质都可用作果蝇的培养基,常用的果蝇培养基见表1-6-1。

表1-6-1　果蝇饲养的培养基及成分配比

成分	玉米粉培养基	米粉培养基	香蕉培养基
水/mL	150	100	50
琼脂/g	1.5	2	1.6
蔗糖/g	13	10	
香蕉浆/g			50
玉米粉/g	17		
米粉/g		8	
麸皮/g		8	
酵母粉/g	1.4	1.4	1.4
丙酸/mL	1	1	0.5～1

玉米粉培养基配制方法:按表1-6-1中各成分配比,先取一半加水量的,加入琼脂和蔗糖,煮沸使之充分溶解;然后取另一半水混合玉米粉,加热调成糊状;将上述两者混合煮沸;待稍冷却后加入酵母粉及丙酸,充分调匀。

米粉培养基配制与玉米粉相同,用米粉代替玉米粉。

香蕉培养基配制方法:将熟透的香蕉捣碎,制成香蕉浆;将琼脂加水煮沸,使之充分溶解;将琼脂溶液拌入香蕉浆,煮沸;待稍冷却后加入酵母粉及丙酸,充分调匀分装。若用酵母液代替酵母粉,则应在培养基分装到培养瓶中后再加入,每瓶加数滴。丙酸的作用是抑制霉菌污染。

将配制好的培养基分装到经灭菌的培养瓶中(2 cm厚),尽可能避免将培养基粘到瓶口和瓶壁上。待培养基冷却后,用70%酒精棉球擦净培养瓶内壁,然后插入经灭菌的吸水纸,作为幼虫化蛹和成蝇的栖息场所,最后塞上经灭菌的棉塞,备用。

2. 果蝇的饲养和保存

培养基装入后，最好 1～2 d 后移入果蝇。成虫的数量一般每瓶放 5 对，移入时需要将培养瓶横卧，然后用毛笔将麻醉的果蝇从白瓷板上轻轻扫入，待果蝇苏醒后再把培养瓶竖起，以防果蝇黏在培养基上。贴上标签，写明品系名称、饲养日期等。每隔 2～4 周换一次培养基。

二、唾液腺的剥离

3 龄幼虫挑取：先在干净的载玻片上滴一滴生理盐水，然后用解剖针从培养瓶中挑取肥大、行动迟缓但未蛹化的肥大的 3 龄幼虫，放在载玻片上，个体肥大的幼虫是制作唾腺染色体的基础。

区分幼虫的头部：虫体尖细的一端为头部，有呈黑色的口器。另外，果蝇的头部引领身体一伸一缩向前挪动。

拉取并剥离唾腺：左右两手各执一根解剖针，分别扎住幼虫的头、尾的 1/3 处，右手迅速向左拉开，直至虫体的头部与身体拉开，唾液腺随之而出，在显微镜下找出唾腺，并用解剖针把周围不需要的组织拖离唾腺，用吸水纸擦去，尽可能剥离附着在唾腺上的脂肪组织。

三、解离、冲洗

用吸水纸将唾液腺周围的生理盐水小心吸去，在唾液腺上滴一滴 1 mol/L 的盐酸，解离 2～3 min，以松软组织，利于染色体分散。解离后，用吸水纸轻轻吸去盐酸，滴加蒸馏水于腺体上进行冲洗 3 次，每次 1～2 min，再用吸水纸吸去水分。

四、染色、压片

将解离后冲洗好的材料滴一滴醋酸洋红，染色 10～15 min。可以在酒精灯上稍微加热以增强染色效果(染色过程中勿使腺体干燥)。轻轻盖上盖玻片，用吸水纸覆盖在盖玻片上，用大拇指按住盖玻片用力下压，吸去多余染液，并横向揉几次，注意不要使盖片移动，用力和揉动是一个方向，不能来回揉，使染色体伸展。

五、镜检观察

将制备好的玻片先用低倍镜观察，寻找染色体臂伸展较开且分散良好的图像，然后再换高倍镜观察，认真辨别各条染色体，仔细观察染色体上的横纹。

[注意事项]

1. 果蝇幼虫应尽量选取大而肥的。
2. 唾液腺在解剖镜下是透明的“香肠”状，注意同幼虫的肠道区别开。
3. 注意要仔细剔除唾液腺旁的脂肪，由于唾液腺很容易“破”，所以要非常小心。
4. 吸水时容易将唾液腺一起吸走，一定要小心。
5. 注意在染色时千万不能让唾液腺暴露在空气中，或是让装片“干”掉。
6. 压片时用力要均匀、适度，使染色体充分伸展又不致断裂。

[作业及思考]

绘制观察到的唾腺染色体图像。

实验七　人体 X 染色质的检测与观察

[实验目的]

掌握鉴定人类 X 染色质的方法，学会在显微镜下正确识别 Barr 小体的特征及其所在的位置。了解有关 X 染色体失活的理论以及失活的染色体上的基因所控制的遗传性状的特点。

[实验原理]

早在 1949 年 Barr 等发现在雌猫的神经细胞间期核中有一个染色很深的染色质小体，而雄猫中没有。以后研究发现，有袋类、偶蹄类、翼手类、食肉类和灵长类动物的多种组织细胞中都有这种二态性特点。正常雌性个体的体细胞中，两条 X 染色体中只有一条 X 染色体在遗传上有活性(Xa)，在间期呈松散状态，参加细胞生理活动；另一条无活性(Xi)，在间期处于不活动的异固缩状态，而形成了 X 染色质，又称 Barr 小体。Barr 小体出现在哺乳动物雌性个体细胞的细胞核边缘，这主要是因为这条染色体处在失活状态所致。失活状态的性染色体与其他异染色质一样，在 DNA 复制时总落后于其他常染色质，且大多出现在核膜边缘。

细胞学研究发现巴氏小体的数目正好是细胞内 X 染色体数目减 1。设 X 染色体的数目为 n，则巴氏小体的数目＝$n-1$。

剂量补偿效应：在 XY 性别决定机制的生物中，由 X 性染色体上的基因决定的性状在两性的表现几乎相同。也就是说 X 染色体上的基因的表达产物在雌、雄细胞中是等量的。这种剂量补偿效应可以通过两种途径实现：一是 X 染色体的转录速率的差异，即雌性细胞中的两条 X 染色体的转录速率低于雄性细胞中的单条 X 染色体的转录速率，因而造成雌性和雄性细胞的总体表达水平接近；二是雌性细胞中有一条 X 染色体在功能上是失活的。

1966 年，M. F. Lyon 提出了 X 染色体失活的假说(Lyon hypothesis)。其主要内容是：在正常的雌性哺乳动物的体细胞中，一条 X 染色体在遗传上有活性，而另一条处于失活状态。这种失活发生在胚胎发育的早期，失活是随机的。一旦发生了失活，这个细胞的后代将处于失活状态。X 染色体上的杂合基因将出现嵌合现象。

Lyon 假说虽然可以解释一些问题但不是全部，生物学和医学的发展研究表明：单条染色体失活现象是普遍存在的，但失活的染色体上存在失活区和非失活区。

利用 X 染色质的鉴别技术，可对性染色体畸形、胎儿早期诊断等提供有益的参考。

[实验用品]

1. 实验材料

口腔上皮细胞。

2. 实验仪器

显微镜，载玻片，盖玻片，牙签，吸水纸，离心机，吸管。

3. 实验药品

固定液(甲醇∶冰醋酸＝3∶1)，2.0 g/L 甲苯胺蓝染色液，生理盐水。

2.0 g/L 甲苯胺蓝染色液的配制：称取甲苯胺蓝 0.2 g，先用少量的丙酮溶液使之溶解，然后再加入双蒸水至 100 mL 即可。

［实验步骤］

1. 取材

先漱口三次，将口腔内杂物漱出。用牙签的钝面刮取口腔颊部黏膜细胞，将其放入盛有 3 mL 生理盐水的离心管中，轻轻摇动使细胞分散于生理盐水中。

2. 离心收集细胞

以 800～1 000 r/min 进行离心，10 min。

3. 固定

除去上清液。留下的沉淀物再用固定液固定，10 min。

4. 离心

1 000 r/min 离心，10 min。

5. 制备细胞悬液

去上清液，根据沉淀细胞的多少适量加入几滴新配制的固定液，并用吸管打成细胞悬液。

6. 滴片

用吸管将细胞悬液滴在载玻片上，在空气中自然干燥。

7. 酸解

滴加 5 mol/L HCl，处理 10 min。用清水漂洗几遍。

8. 染色

用 2.0 g /L 甲苯胺蓝染色 30 min。用清水漂洗去掉浮色，在空气中自然干燥。

9. 镜检

油镜下依次观察细胞核着色均匀、核膜完整的细胞 80～100 个，计数具有靠近核膜边缘的半月形 X 小体的细胞数。

Barr 小体的辨认：核质呈网状或颗粒状分布，核膜清晰，染色适度，细胞周围无杂菌。巴氏小体在镜下呈一浓染小体，其轮廓清楚，大小为 1 μm 左右，常附着在核膜边缘或靠近内侧。形状有微凸形、三角形、卵形、短棒形等。若巴氏小体不在核膜的内缘，就不容易与其他染色质块相区别了，一般以在核膜内缘检测到为阳性(图 1-7-1)。

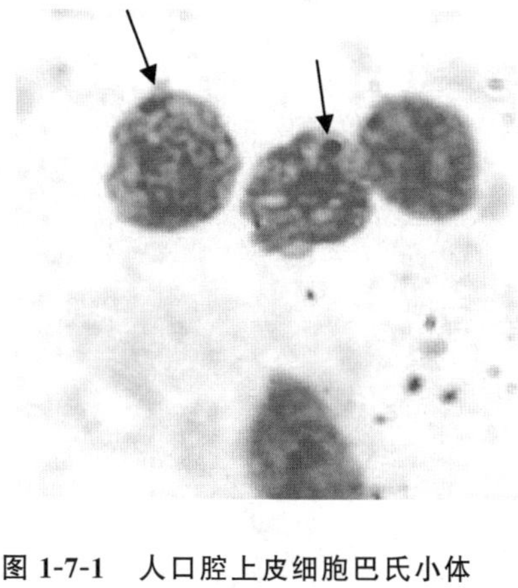

图 1-7-1　人口腔上皮细胞巴氏小体

［注意事项］

1. 取材时，一定要将口腔漱净，否则大量细菌会影响巴氏小体的观察。

2. 酸解后一定要用清水漂洗几遍，避免酸解过度破坏 DNA。

[作业及思考]

1. 什么是剂量补偿效应？
2. 巴氏小体分析技术在人类遗传工作中有什么用途？
3. 在制片中使用盐酸酸解的目的是什么？
4. 描绘所观察到的巴氏小体的形态特征及在细胞中的分布情况。
5. 为什么巴氏小体出现在核膜边缘？

第2章 遗传定律及其验证

实验八　植物的有性杂交

［实验目的］

理解玉米和大豆等高等植物有性杂交的原理。了解玉米和大豆的花器构造，开花习性。掌握玉米和大豆有性杂交技术。

［实验原理］

植物的有性杂交是采用人工杂交的手段，通过雌雄细胞的结合，把分散在不同亲本上的优良基因组合到杂交种中。植物有性杂交是人工创造新的变异类型最常用的有效方法，也是现代植物育种上卓有成效的育种方法之一。通过将雌雄性细胞结合的有性杂交方式，重新组合基因，借以产生各种性状的新组合，从中选择出符合育种目标的基因型，进而创造出对人类有利的新品种。

一、玉米的花器构造和开花习性

1. 花器构造

玉米为雌雄同株异花植物，自然杂交率高达95%以上。

雄穗着生于植株顶部（图2-8-1），由主茎的生长锥分化而成，属圆锥花序。雄穗主轴上生有侧枝，在主轴和侧枝上着生二列或二列以上的成对小穗；每对小穗中，一个有柄，位于上方，先开花；另一个无柄，位于下方，后开花。每个小穗有护颖两枚，小花两朵。每朵花有内、外颖各一片，中间有雄蕊三枚，花药二室。每个花药具有花粉粒2 500～3 500粒，全穗有2 000万粒以上。

雌穗由叶腋内的腋芽发育而成。一般品种在通常的栽培条件下，只有植株上部往下6～7节处的腋芽才能发育成1～2个果穗。雌穗属于肉穗花序（图2-8-1），其上着生许多纵行排列的成对小穗。小穗无柄，基部有护颖两枚，小花两朵，其中一朵可育，一朵退化，可孕小花由内外颖和雌蕊组成。由于雌小穗成对着生，形成了玉米果穗上的粒行数偶数排列。雌蕊由子房、花柱和柱头组成，抽出的花丝为柱头的延长物，各部分均可授粉。

2. 玉米开花习性

在同一植株上，雄穗抽出时间一般比雌穗早2～4 d，具有雄花先熟的特征。在正常情况下，抽穗后 2～5 d 开始散粉。雌穗吐丝一般要比雄穗开花迟 3～5 d，干旱情况下可延迟 7～8 d。

雄穗一般是主轴上中部的花先开，然后向两端依次开放，侧枝开花自上而下。开花盛期是在开花后 2～5 d，其中 60％的花朵是集中在开花后的 3～4 d 开放，此时是采集花粉的最佳时期。整个雄穗从开花到结束需 7～8 d，但因品种和环境的不同而有差异。玉米开花的最适温度为 25～32℃，相对湿度为 50％～70％。在一天内，玉米开花最盛时间是上午 8:00～11:00，散粉最盛时间是 9:00～10:00，这是授粉的最好时机。在田间条件下，花粉寿命一般可维持 5～6 h，如果将花粉放在温度为 3～10℃，相对湿度为 50％～80％的条件下，花粉寿命可维持 24 h 以上。

雄穗散粉后 2～4 d，同株上的雌穗开始吐丝。吐丝次序以果穗中部偏下开始，然后向上、向下依次进行，顶部的花丝抽出的最晚。整个果穗从开始吐丝到结束，一般需要 2～5 d。花丝一经抽出，就有授粉能力，但以吐丝后 2～4 d 授粉能力最强。如果花丝吐出后得不到授粉，可继续伸长达 40 cm 以上，一经授粉后，雌蕊花丝很快就变软萎蔫。雌穗花丝的授粉能力，一般可维持 10～14 d，但花丝抽出 7 d 以后授粉，结实率显著降低。

玉米花粉很小很轻，靠风传播。在一般情况下，雄穗上的花粉呈圆锥体落于植株周围 6～8 m 的空间处，风大时可传至 500 m 以外。花粉落于柱头后 10 min，便可伸出花粉管，花粉管刺入柱头，不断向前伸长，通过花柱进入子房，再经珠孔直达胚囊。授粉后 20～26 h，即可受精。

图 2-8-1　玉米花器构造

1. 雄穗　2. 雌穗　3. 主轴　4. 侧枝　5. 有柄小穗　6. 无柄小穗　7. 花丝　8. 花药　9. 花粉　10. 雌花丝　11. 苞叶　12. 穗轴　13. 穗柄　14. 子房

二、大豆的花器构造和开花习性

1. 花器构造

大豆为总状花序。几朵到几十朵花簇生在一个花梗上，叫作花簇。花簇着生在叶腋或植株的顶端。大豆的花是蝶形花，见图 2-8-2，每朵花有 5 个萼片，其上有茸毛，萼片下部联合成筒状。萼片内有 5 个花瓣。外面最大的一个叫旗瓣，在未开放时包围其余 4 个花瓣，旗瓣内有两个翼瓣，再往里是两个连结在一起的龙骨瓣。龙骨瓣包着 10 个雄蕊，其中有 9 个连在一起成管状，叫作管状雄蕊，单独的一个叫作单体雄蕊。雄蕊的中央有一枚雌蕊，由子房、花柱和柱头三部分组成，子房一室，内含胚珠 1～4 个。大豆花在未开放前花药已经破裂，完成了授粉作用。因此大豆是一种自花授粉作物，天然杂交率最多不超过 1%。

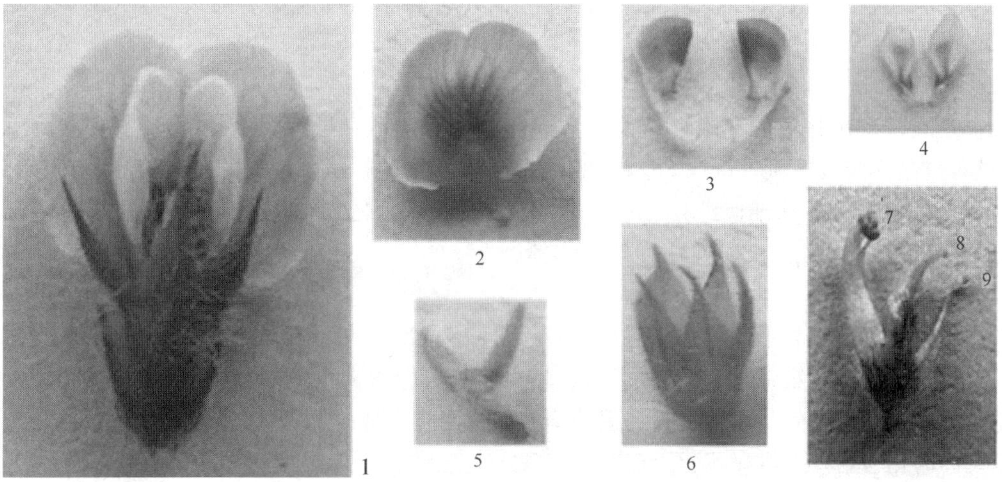

图 2-8-2 大豆花的结构

1.花 2.旗瓣 3.翼瓣 4.龙骨瓣 5.苞片 6.花萼 7.管状雄蕊 8.雌蕊 9.单体雄蕊

2.大豆开花习性

大豆从出苗到开花的时间因品种而异。一般春大豆从出苗到开花需要 50～60 d，夏大豆为 30～40 d。大豆每天早晨 7:00 开花，8:00～10:00 盛开，午后开花减少或不开。一朵花自花蕾形成至开放需 3～7 d。每朵花的开放时间因品种、花蕾及气候条件而异。短的仅 30 min，长的可达 4 h，平均为 2 h。每株开花所需时间为 14～58 d。无限结荚类型与晚熟品种较长。

无限结荚类型与有限结荚类型的开花顺序不同。无限结荚类型的花由内向外(由主茎向分枝)，并由下向上开放。开花期较长，结荚分散。有限结荚类型则是由内向外，由上向下顺序开放，花期较短。有限结荚类型的花密集在主茎及分枝顶端，在同一花序内，向南或向东的花先开。在开花初期只有个别的花单独开，至末期许多花一起开。开花时，以 25～28℃ 的温度和 70%～80%的湿度为最适。在田间条件下，大豆花粉生活力可保持 1～2 d，柱头生活力可保持 2～3 d。

[实验用品]

1.实验材料

玉米：早熟玉米自交系两个，最好选用黄色和白色籽粒两类玉米材料。

大豆：早熟白花大豆品种，早熟紫花大豆品种。

2.实验仪器

羊皮纸袋、回形针、剪刀、镊子、放大镜、纸牌、大头针、棉球、铅笔、橡皮。

3.实验药品

70%酒精。

［实验步骤］

一、玉米杂交技术

1. 雌穗套袋

本实验以白色籽粒的玉米自交系为母本，在其雌穗吐丝以前用羊皮袋套住（图 2-8-3 之 1 和 2），进行隔离，防止混杂。

2. 雄穗套袋

本实验以黄色籽粒的玉米自交系为父本。观察母本雌穗吐丝情况，每天上午摸套袋的雌穗花丝，当花丝长度达到 5 cm 以上时可以进行授粉（图 2-8-3 之 3）。在授粉的前一天，用大羊皮纸袋将散粉的父本株雄穗（图 2-8-3 之 4）套住（图 2-8-3 之 5-1），袋口紧紧包住雄蕊基部（穗柄）折叠好（图 2-8-3 之 5-2），并用回形针卡紧。

3. 授粉

次日上午羊皮纸袋上的露水干燥后，用左手轻轻弯下套袋的雄穗，右手轻拍纸袋（图 2-8-3 之 6），使花粉落入袋内，然后取下纸袋紧闭袋口，再将袋口微微向下倾斜，轻拍纸袋，以使羊皮纸袋内花粉集中于袋口中间。然后用头上戴的草帽遮住套袋果穗的上方，轻轻将小羊皮纸袋取下，把大纸袋内的花粉均匀地撒在花丝上（图 2-8-3 之 7），立即将小纸袋套回，并在杂交果穗上挂上纸牌，用铅笔注明父母本自交系名称或行号（♀×♂）、授粉方式、授粉日期、工作者姓名。

4. 授粉后的管理

授粉后 1 周内，要经常注意纸袋和标牌是否完好，因为随着果穗的生长增大，容易将其顶掉，所以要注意及时套好。

1. 适宜套袋的雌穗　2.雌穗套袋　3. 观察雌穗吐丝情况　4. 散粉的雄穗

5-1. 雄穗套袋　5-2. 雄穗套袋　6. 轻拍雄穗取花粉　7. 授粉

图 2-8-3　玉米杂交的主要过程

5. 收获、保存

果穗成熟后，要及时收获，将果穗与纸牌拴在一起，晒干后分别脱粒装袋保存。除把纸牌装入袋内，袋外还必须写明父母本名称和杂交符号。

二、大豆杂交技术

大豆的花器很小，杂交工作比较困难，成功率低且又易脱落，一般成活率只有20%～30%。如果杂交技术熟练，成活率可达50%以上。因此，杂交时要多做些花朵。

1. 母本植株与花朵的选择

首先确定母本行。为了便于在F_1植株中鉴别伪杂种，应选择带有一个隐性性状的亲本做母本，而带有相对显性性状的亲本做父本。例如：白花、灰茸毛、草黄荚等通常为隐性性状。然后在既定的母本行中选择具有品种典型性状，生育良好而健壮，无病虫害的植株作为杂交的母本株。无限结荚类型应选基部1～2个花簇已开放的植株，取中部各节的花蕾去雄。有限结荚类型选取主茎上中部或顶端的花朵做杂交。因为这些部位的花朵结荚良好。适宜去雄的花蕾必须是花冠露出花萼裙部1～2 mm但还没有伸出萼尖的（图2-8-4之1）。这样的花蕾雌蕊已经成熟，雄蕊还没散粉。花朵选定后，应将该花序上其余的花朵全部摘除（图2-8-4之2和3）。一般在一棵植株上可选2～4个花序，一个花序中留1～4个适宜的花朵做杂交。

2. 去雄

去雄时间最好是授粉前一天的下午3:00～7:00，或是授粉当天的上午8:00前。选择适于杂交的花朵去雄，首先用左手的拇指和食指扶住花，右手拿镊子将萼片夹住，摘除萼片上部（图2-8-4之4）。两个较短萼片着生的地方应多摘除一些，因为雌蕊柱头正好对着这两个萼片。萼片摘除后再用镊子一一摘除花瓣，或者钳住花冠顶部轻轻上拔（图2-8-4之5），凡雌蕊已成熟的花朵，花瓣极易拔掉；而未成熟的花朵，花瓣脆嫩，容易拔断。花冠拔出后，柱头和花药便裸露出来，未成熟的雄蕊花药完整呈黄绿色，这时便可用镊子将花药彻底摘除，即去雄（图2-8-4之6），注意除掉较短的单体雄蕊。如去雄时不慎将花药夹破，应摘除这朵花，并且用酒精擦洗镊子。

去雄后再用放大镜检查鉴定柱头是否适于授粉。成熟的柱头周围有乳状突起而且分泌像露珠似的黏液。未成熟的柱头颜色晦暗无光泽，不易做杂交用。

3. 授粉

天气晴好时，可以在上午7:00～10:00授粉。授粉用的父本，宜选择生长健壮，花初开而龙骨瓣尚未分开的花朵（图2-8-4之7）。先摘除萼片和花冠，取出黄色已经裂开的花药（图2-8-4之8），并将花药轻轻在指甲上压开，见有浅黄色花粉开始散出，再将该花药在母本柱头上轻轻涂抹授粉（图2-8-4之9）。

授粉后用连在杂交花附近的活豆叶将授粉的花簇包好，用大头针或叶柄别住。这样既可避免异花授粉又因鲜叶的蒸发而保持杂交花朵周围的湿度，以防柱头干枯。最后在杂交花的下一节间挂上纸牌。纸牌上用铅笔写明杂交组合，杂交日期和操作者姓名。

4. 杂交后的管理和收获

授粉后第3天，应打开包覆的活豆叶，检查杂交花是否成活。如果花朵萼片鲜绿，子房开始发育膨大，表明杂交花已经成活，要摘除新生的花蕾，以免混杂。如果杂交花干枯脱落，可将小纸牌摘掉。以后每隔7 d左右检查一次，一般要检查3～4次。成熟时将同一组合的豆荚连同纸牌收在一个纸袋内，按组合混合脱粒。

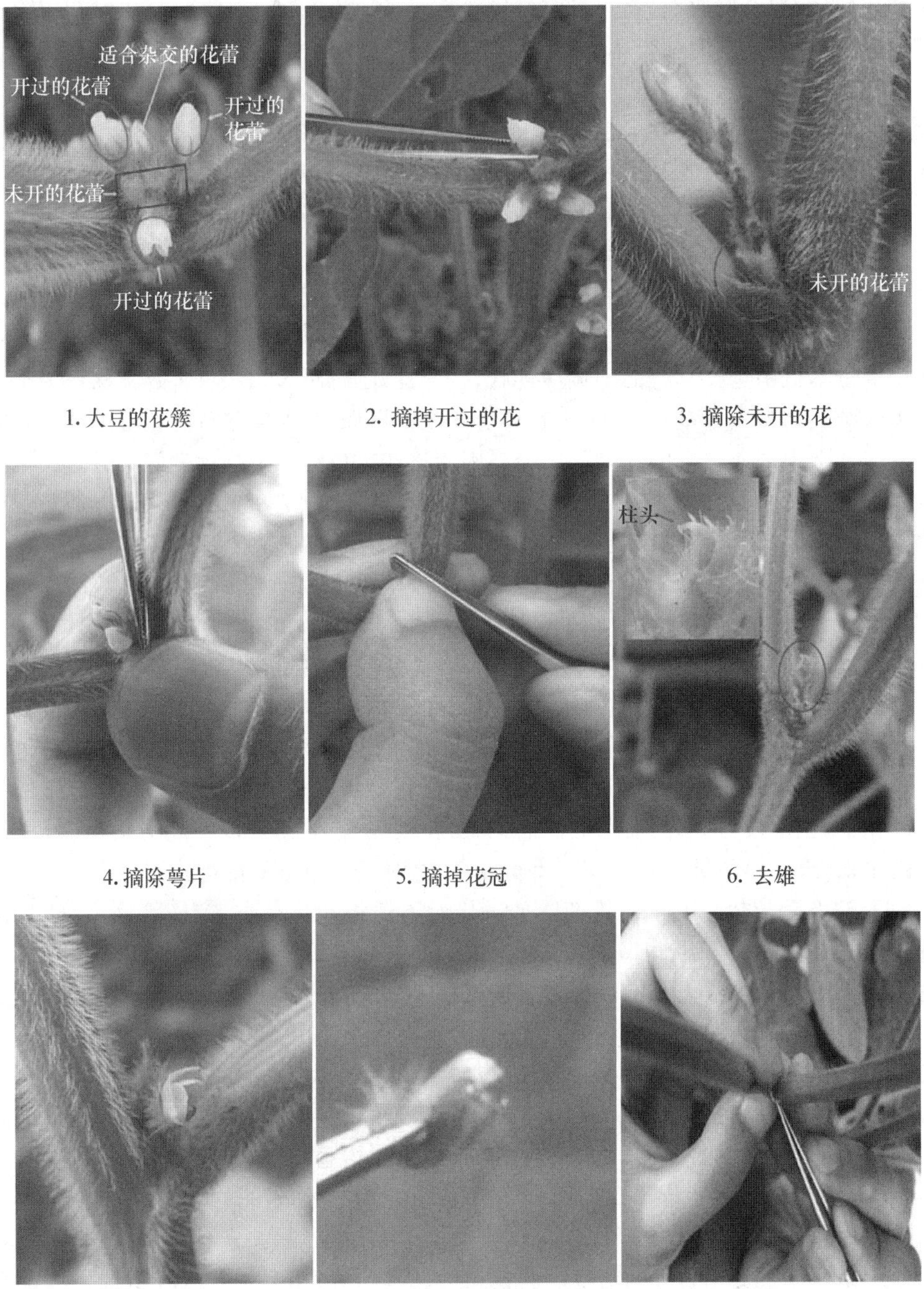

1. 大豆的花簇　2. 摘掉开过的花　3. 摘除未开的花

4. 摘除萼片　5. 摘掉花冠　6. 去雄

7. 即将开放的父本花朵　8. 取父本的雄蕊　9. 授粉

图 2-8-4　大豆杂交的主要过程

［注意事项］

1. 玉米授粉时动作务必轻快，切忌手指伸入纸袋，更不能触及袋内的花粉，切忌触动周围植物，以免串粉发生混杂。

2. 大豆适宜去雄的花蕾必须是花冠露出花萼裙部 1～2 mm，但还没有伸出萼尖的。
3. 大豆去雄时不慎将花药夹破，应摘除这朵花，并且用酒精擦洗镊子。

［作业及思考］

1. 做玉米杂交果穗 3 个。成熟后检查杂交效果，按照表 2-8-1 统计试验结果。

表 2-8-1　玉米杂交结果统计表

父母本名称	株数/穗	结实数/(粒/穗)	杂交的时间/(日/月)	操作者姓名
玉米杂交				

2. 做大豆杂交至少 5 朵花，将杂交结果记载于表 2-8-2 中。

表 2-8-2　大豆杂交结果统计表

母本名称	父本名称	杂交花朵数	成功花朵数	成功率/%	操作者姓名

3. 分析大豆有性杂交产生伪杂种的原因。

实验九　玉米籽粒性状的遗传分析

Ⅰ　独立分配规律的验证

［实验目的］

观察玉米 2 对基因控制的 2 对籽粒性状的亲本、F_1 代果穗、F_2 代果穗、测交 1 代果穗籽粒性状表现，验证独立分配规律。

［实验原理］

玉米籽粒属于颖果，由果皮、胚和胚乳三部分组成，受不同遗传控制。

胚乳性状：玉米中与胚乳有关的相对性状有黄与白色、甜与非甜、糯与非糯、凹陷与饱满等。本实验中所观察的相对性状之一是甜与非甜，由位于第 6 染色体上的一对等位基因 Su-su 控制。非甜籽粒外形饱满，是显性性状，甜籽粒外形皱缩，是隐性性状。

糊粉层颜色性状：有紫色、红色和无色三种。主要由 7 对基因（花青素基因 A_1-a_1、A_2-a_2、

A_3-a_3；糊粉粒色基因 C-c、R-r 和 Pr-pr；抑制基因 Ⅰ-i)控制。本实验中所观察的相对性状之一是紫冠与非紫冠(图 2-9-1)，该相对性状是质量性状，由等位基因 R^{nj}-r^{nj} 控制，该基因位于第 9 染色体上，紫冠基因(R^{nj})是有色糊粉粒的复等位基因之一，对 r^{nj} 是显性，它要表现出紫冠色必须有非等位基因 A、C、Pr 的存在，并且都处于显性状态。

图 2-9-1　非紫冠与紫冠性状

独立分配规律：在减数分裂形成配子时，位于非同源染色体上的基因，随着所在的染色体在各自独立分离的基础上，又随非同源染色体的重组而自由组合，形成不同组合的配子。将具有 2 对相对性状的亲本杂交，并且这 2 对性状受 2 对基因控制，分别位于 2 对染色体上，并且均为完全显性，两对基因间无互作，那么 F_1 将产生比例相等的 4 种类型配子。因此，F_2 代有 9 种基因型，表现型 4 种，分离比例为 9∶3∶3∶1，F_1 与双隐性材料测交子代表现型为 4 种，分离比例为 1∶1∶1∶1。

在遗传学试验中，由于各种因素的干扰，实际获得的各项数值与理论上按概率估算的期望数值常具有一定的偏差。这种偏差是由于试验误差造成的，还是真实误差，通常可以用 X^2(卡方)测验进行判断。

$$X^2=\sum\frac{(o-e)^2}{e}=\sum\frac{d^2}{e}$$

公式中 o 代表实际观测数，e 代表预期理论数，d 代表实际观测数与预期理论值数的差数，$\sum$ 表示各项总和。

算出 X^2 值，根据自由度(用 df 表示)，可以查出概率 P 值。当 $P>0.05$，说明实际观测数与预期理论数相符，差异不显著；当 $P<0.05$，说明实际观测数与预期理论数不相符，差异显著。

[实验用品]

1. 实验材料

玉米果穗标本盒：母本穗、父本穗、F_1 代果穗、F_2 代果穗、测交果穗，见图 2-9-2。

2. 实验仪器

计数器、计算器。

图 2-9-2　独立分配规律验证实验标本盒

［实验步骤］

一、亲本果穗及杂交后代果穗制备

1. 父母本果穗选取

母本果穗是非紫冠甜粒，基因型 $r^{nj}r^{nj}susu$，父本果穗为紫冠非甜粒，基因型 $R^{nj}R^{nj}SuSu$。

2. F_1 和 F_2 代果穗制备

非紫冠甜粒（$r^{nj}r^{nj}susu$）× 紫冠非甜粒（$R^{nj}R^{nj}SuSu$）

↓

F_1

紫冠非甜粒（$R^{nj}r^{nj}Susu$）

↓⊗

F_2

表现型	紫冠非甜粒	紫冠甜粒	非紫冠非甜粒	非紫冠甜粒
基因型	$R^{nj}R^{nj}SuSu$	R^{nj}_susu	$r^{nj}r^{nj}Su\_$	$r^{nj}r^{nj}susu$
理论比例	9	3	3	1

3. 测交 1 代果穗制备

紫冠非甜粒（$R^{nj}R^{nj}SuSu$）× 非紫冠甜粒（$r^{nj}r^{nj}susu$）

↓

F_1

测交　　紫冠非甜粒（$R^{nj}r^{nj}Susu$）× 非紫冠甜粒（$r^{nj}r^{nj}susu$）

↓

测交 1 代

表现型	紫冠非甜粒	紫冠甜粒	非紫冠非甜粒	非紫冠甜粒
基因型	$R^{nj}r^{nj}Susu$	$R^{nj}r^{nj}susu$	$r^{nj}r^{nj}Susu$	$r^{nj}r^{nj}susu$
理论比例	1	1	1	1

二、玉米籽粒性状观察与统计

1. 识别各性状(图 2-9-3)

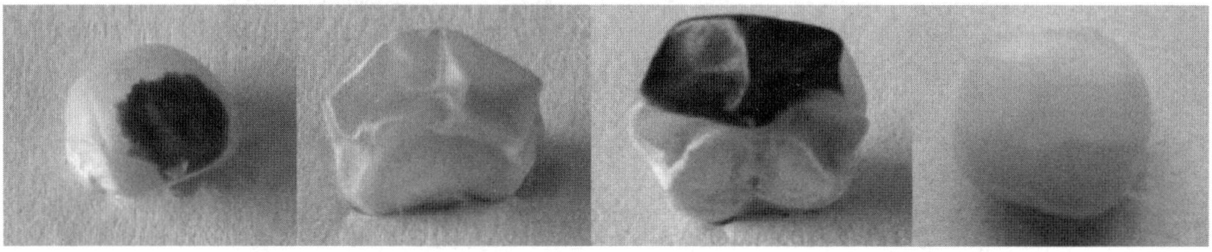

a. 紫冠非甜粒　　b. 非紫冠甜粒　　c. 紫冠甜粒　　d. 非紫冠非甜粒

图 2-9-3　玉米籽粒性状识别

2. 性状统计

查计各材料的表现型值,将结果填入表 2-9-1。

表 2-9-1　玉米籽粒性状统计表

表现型	紫冠非甜粒	紫冠甜粒	非紫冠非甜粒	非紫冠甜粒
F_2 代				
测交 1 代				

三、遗传分析

对统计结果进行 X^2 测验,根据 X^2 值和自由度查 X^2 表,得到 P 值的区间范围,从而确定基因的遗传方式。

表 2-9-2　两对性状的 X^2 分析结果

表现型	紫冠非甜粒	紫冠甜粒	非紫冠非甜粒	非紫冠甜粒
实际观测数(o)				
预期理论数(e)				
偏差 $d=o-e$				
差方 $d^2=(o-e)^2$				
d^2/e				
$X^2=\sum d^2/e$				
自由度 df				
P				

[注意事项]

1. 玉米果穗容易落粒,要求同学在取用实验材料过程中轻拿轻放。

2. 开始实验前仔细辨识玉米籽粒性状,辨识清楚后再进行籽粒性状计数。

[作业及思考]

1. 根据本组调查的果穗的籽粒性状 X^2 测验结果,说明控制性状的基因的遗传方式。

2. 若本组 X^2 测验结果显示 $P<0.05$,请分析可能的原因。

3. 汇总全班同一类型材料的测定结果进行 X^2 测验,与本组 X^2 测验结果比较,并对比较结果进行解释。

Ⅱ 连锁交换规律的验证

[实验目的]

观察玉米 2 对连锁基因控制的 2 对籽粒性状的亲本、F_1 代果穗、F_2 代果穗、测交 1 代果穗籽粒性状间的连锁遗传现象,验证基因的连锁与交换原则,掌握基因间交换值的计算方法。

[实验原理]

在减数分裂过程中,位于同一同源染色体上的非等位基因,总是联系在一起分配到同一配子中,因此,两对基因的杂合体只形成两种亲本型配子,无重组型配子形成,其自交或测交后代只出现亲本的表现型,这种遗传现象称为完全连锁。完全连锁的情况是极少的,一般情况是同一同源染色体上的非等位基因之间或多或少地会发生姊妹染色单体之间的交换,从而在减数分裂过程中会形成亲本型配子和重组型配子,在这些配子中,总是亲本型配子较多,重组型配子较少,其自交或测交后代也会出现重组型个体。重组型个体在杂交后代群体中出现的频率取决于非等位基因间发生交换的频率,一般用交换值表示,它表示重组型配子占总配子数的百分率。交换值的幅度经常在 0～50%,当交换值越接近 0 时,连锁强度越强,生成的重组型配子数越少,交换值越接近 50%时,连锁强度越弱,生成的重组型配子数越多,但总是少于亲本型配子数。交换值具有相对的稳定性,所以通常以这个数据表示两个基因在同源染色体上的相对距离,即遗传距离。因此,根据各基因间交换值的计算,可以确定基因在染色体上的相对位置,绘制成连锁遗传图。

已有研究得出控制玉米籽粒性状紫冠(R^{nj})与非紫冠(r^{nj})、非糯(Wx)与糯性(wx)的基因同位于第 9 染色体上。以非紫冠糯质自交系与紫冠非糯质自交系杂交产生的 F_1 再进行自交和测交。根据自交果穗和测交果穗上籽粒性状的表现,可以计算出基因间的交换值。

[实验用品]

1. 实验材料

玉米果穗标本盒:母本穗、父本穗、F_1 代果穗、F_2 代果穗、测交果穗,见图 2-9-4。

2. 实验仪器

计数器、计算器。

图 2-9-4 基因连锁交换实验标本盒

[实验步骤]

一、测交法测定交换值

1. 测交果穗的制备

母本穗：非紫冠糯粒，基因型为 $r^{nj}r^{nj}wxwx$；父本穗：紫冠非糯粒，基因型为 $R^{nj}R^{nj}WxWx$。$R^{nj}r^{nj}$ 与 $Wxwx$ 2 对基因均在第 9 染色体上。

非紫冠糯粒($r^{nj}r^{nj}wxwx$)× 紫冠非糯粒($R^{nj}R^{nj}WxWx$)

↓

F_1

测交　紫冠非糯粒($R^{nj}r^{nj}Wxwx$)× 非紫糯粒($r^{nj}r^{nj}wxwx$)

↓

测交 1 代

表现型	紫冠非糯粒	非紫冠糯粒	紫冠糯粒	非紫冠非糯粒
基因型	$R^{nj}r^{nj}Wxwx$	$r^{nj}r^{nj}wxwx$	$R^{nj}r^{nj}wxwx$	$r^{nj}r^{nj}Wxwx$

2. 玉米籽粒性状观察与统计

将各性状分别计数，列于表 2-9-3。

表 2-9-3 测交实验玉米籽粒性状统计表

表现型	紫冠非糯粒	非紫冠糯粒	紫冠糯粒	非紫冠非糯粒
类型	亲本型	亲本型	重组型	重组型
观察数/粒	*a*	*b*	*c*	*d*
本次实验观察数/粒				

3. 交换值计算

$$交换值=\frac{测交群体内重组类型个体数}{测交后代群体总数}\times100\%$$

$$交换值=\frac{c+d}{a+b+c+d}$$

二、自交法测定交换值

1. 自交果穗制备

非紫冠糯粒($r^{nj}r^{nj}wxwx$)× 紫冠非糯粒($R^{nj}R^{nj}WxWx$)

↓

F_1

紫冠非糯粒($R^{nj}r^{nj}Wxwx$)

↓⊗

F_2

表现型	紫冠非糯粒	非紫冠糯粒	紫冠糯粒	非紫冠非糯粒
基因型	$R^{nj}\_Wx\_$	$r^{nj}r^{nj}wxwx$	R^{nj}_wxwx	$r^{nj}r^{nj}Wx\_$

2. 玉米籽粒性状观察与统计

将各性状分别计数,列于表 2-9-4。

表 2-9-4　玉米籽粒性状统计表

表现型	紫冠非糯粒	非紫冠糯粒	紫冠糯粒	非紫冠非糯粒
类型	亲本型	亲本型	重组型	重组型
观察数/粒	*a*	*b*	*c*	*d*
本次实验观察数/粒				

3. 交换值计算

$$相引相:交换值=1-2\sqrt{\frac{F_2\ 群体内双隐性个体数}{F_2\ 群体总数}}\times100\%$$

$$交换值=1-2\sqrt{\frac{b}{a+b+c+d}}\times100\%$$

[注意事项]

1. 玉米果穗容易落粒,要求同学在取用实验材料过程中轻拿轻放。

2. 开始实验前仔细辨识玉米籽粒性状,特别是糯性与非糯性的辨识,辨识清楚后再进行籽粒性状计数。

3. 注意区分自交果穗与测交果穗。

[作业及思考]

1. 本次实验中需要统计玉米籽粒的哪些性状?分别由哪个基因控制?在第几条染色体上?

2. 将玉米测交和自交果穗籽粒性状统计结果分别填入表 2-9-3 和表 2-9-4 中，按公式分别计算出交换值，比较测交法与自交法求得的交换值是否相同，请分析可能的原因。

实验十　果蝇生活史及性状的观察

[实验目的]

了解果蝇生活史，识别雌雄蝇；观察及熟悉生活史各阶段的形态及突变型的主要特征。掌握果蝇培养基的制备方法。

[实验原理]

自 20 世纪初以来，果蝇一直是遗传学、细胞学、分子生物学、发育生物学等多学科和多领域研究的最为理想而经典的模式动物。果蝇(*Drosophila*)为完全变态的双翅目昆虫，常见于果园和水果摊上熟透和腐烂的水果上，遗传学实验中常用的果蝇是黑腹果蝇(*Drosophila melanogaster*)，它作为遗传学实验材料有许多优点：

(1)取材容易，体积小，便于饲养，培养简便、费用低廉。

(2)繁殖力强，繁殖速度快，世代周期短。在 25℃下 9～10 d 就可完成一个世代。每个成年雌蝇可产 400～500 个卵，在短期内就可获得大量子代，便于遗传学分析。

(3)有很多突变型，突变性状达 400 以上，并且多是形态变异，便于通过性状遗传杂交实验及杂交后代的观察与分类统计，验证遗传学的基本规律。

(4)染色体数目少，$2n=8$；遗传背景清楚，突变基因容易定位，便于遗传分析。

(5)果蝇唾腺巨大，制片容易且横纹清晰，适于作细胞遗传学观察与研究。

生活史：果蝇的生活史包括卵、幼虫、蛹和成虫四个阶段(图 2-10-1)，其生活周期的长短与温度有密切的关系。一般来说，30℃以上能使果蝇不育和死亡，低温能使生活周期延长，生活力下降，如在 10℃和 15℃下幼虫发育为成蝇分别需要 57 d 和 18 d。但在 20℃和 25℃下，卵到幼虫分别需要 8 d 和 5 d，而幼虫发育为成蝇分别需要 6 d 和 4 d。一般果蝇饲养的最适温度为 20～25℃，在此温度下果蝇从产卵发育为成蝇需 10 d 左右，成蝇寿命为 26～33 d。

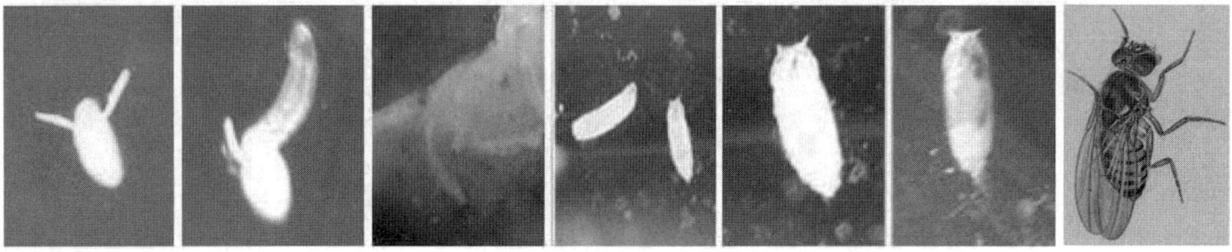

果蝇卵　　卵孵化　　2龄幼虫　　3龄幼虫和蛹　　刚转化的蛹　　约3 d的蛹　　成虫

图 2-10-1　果蝇的发育过程

卵：雌雄果蝇羽化后 12 h 内不能交配，所以选处女蝇要利用这 12 h。超过 12 h 开始交配，2 d 后开始产卵，每只雌果蝇一生中可产卵 400～500 个，卵长 0.5 mm，椭圆形，端部两侧各具一纤丝。

幼虫：受精卵经 1～2 d 孵化(25℃时 12 h 开始孵化)，经 4～5 d 2 次蜕皮，成为 3 龄幼虫，体长可达 4～5 mm。

蛹：3 龄幼虫爬上培养瓶内壁化蛹，蛹梭形、由淡黄至黄褐色。

成虫：蛹期约 4 d 开始羽化，一般傍晚羽化的数量比黎明的多。刚羽化的成虫体较大。色较淡、翅还未展开、体表因未完全几丁化而显得较软。

果蝇成虫形态特征：果蝇分头、胸、腹 3 部分(图 2-10-2)。头部有 1 对大的复眼、3 个单眼和 1 对触角；胸部有 3 对足、1 对翅，在后足和翅之间有 1 对平衡棒；腹背有黑色环纹，腹面有腹片；外生殖器在腹部末端。

果蝇的性染色体属于 XY 型，雌蝇为 XX，雄蝇为 XY。雌雄个体在成虫期特征明显不同，较易识别(表 2-10-1，图 2-10-3)。

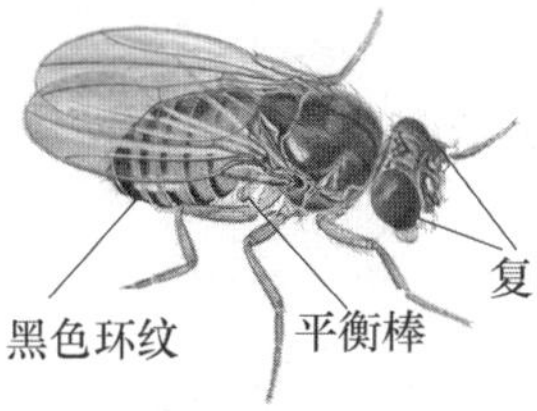

图 2-10-2 果蝇成虫

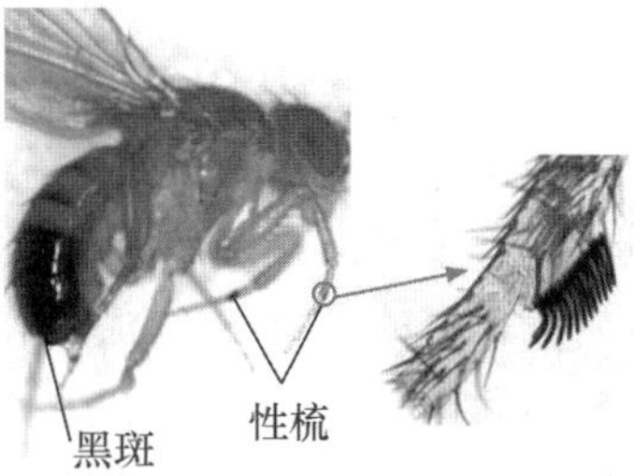

图 2-10-3 雄果蝇及性梳

表 2-10-1 果蝇成虫雌雄形态特征比较

性状	雌蝇	雄蝇
体形	较大	较小
腹部末端	腹端尖、无黑斑	腹端钝、有黑斑
腹背黑色环纹	7 条(可见 5 条)	5 条(可见 3 条)
腹片数	6 片	4 片
性梳	无	有，位于前足跗节上
外生殖器	阴道板、肛上板	生殖弧、肛上板及阳具等

常见突变体：果蝇的突变体很多，已培育出许多纯合的突变体品系，遗传学中常用的一些品系见表 2-10-2。

表 2-10-2 果蝇野生型与突变体比较

果蝇类型	复眼	体色	翅型	刚毛
野生型	红色	灰黄	长翅	直
突变型	白色 	黑檀 	残、短 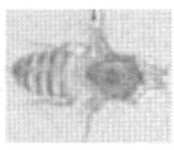	卷曲 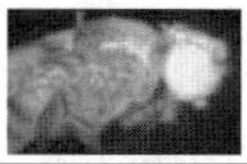

[实验用品]

1. 实验材料

果蝇(*Drosophila melanogaster*，$2n=8$)野生型品系(卵、幼虫、蛹和成虫)和几种常见的突变型。

2. 实验仪器

解剖镜、载玻片、恒温箱、称量纸、药匙、高压灭菌锅等、天平、放大镜、大烧杯、剪刀、电炉、培养瓶、麻醉瓶、白瓷板、海绵板、镊子、用纱布包裹的棉球或海绵块瓶塞、吸水纸、毛笔、铅笔、标签、胶水等。

3. 实验药品

乙醚、70％酒精、丙酮、蒸馏水、玉米面、琼脂、糖、酵母粉、苯甲酸钠(或苯甲酸、丙酸)、生理盐水(0.65％NaCl)。

[实验步骤]

1. 果蝇的饲养

果蝇的饲养方法参见"实验六"。

2. 果蝇生活史的观察

在果蝇饲养过程中观察果蝇从卵发育到成虫的过程，观察各阶段的形态特征，记录在设定温度下各阶段发育的时间。

3. 果蝇性状观察

(1)麻醉前准备　实验前，用70％酒精棉球将镊子、白瓷板擦干净，毛笔尖用手指揉软(保持笔尖干燥)。

(2)果蝇转移　将饲养有果蝇的培养瓶垂直在海绵板上轻敲或用手轻拍瓶壁，使果蝇震落在培养瓶底部，迅速取下瓶塞，将麻醉瓶口与培养瓶口对接，培养瓶在上，轻拍瓶壁，将果蝇震落在麻醉瓶中，然后用纱布包裹的棉球或海绵块的瓶塞塞住瓶口。

如果培养瓶内的培养基已成糊状或流体状，将空瓶在上，将两瓶口对接，双手或黑纸遮住培养瓶，使果蝇因趋光而进入麻醉瓶中。

(3)麻醉　果蝇可用乙醚麻醉，使它保持静止状态。因果蝇对乙醚很敏感，易麻醉，麻醉的深度因实验要求而定。种蝇以轻度麻醉为宜，以便保存蝇种；做观察可深度麻醉，致死也无妨。果蝇翅膀外展45°表示已死亡。

轻拍麻醉瓶的瓶壁，使之震落在瓶底，然后揭开棉球瓶塞，在瓶塞上滴2～3滴乙醚后，立即塞紧。

(4)观察　当果蝇全部因麻醉落到瓶底部时，取数只果蝇放在白瓷板上，用毛刷将其集中排列在白瓷板中央成一行，在解剖镜下进行观察。或将麻醉的果蝇放在载玻片上，用显微镜4倍物镜观察。观察时用解剖针仔细拨动果蝇的翅膀或腹部，翻转其背腹面，仔细观察其性别和形态特征。观察过程中发现果蝇开始苏醒，可在靠近果蝇处滴1滴乙醚，使其再度麻醉。

选用一些具有突变性状的果蝇进行仔细观察。

[注意事项]

1. 分装培养基时注意不要沾到试管或培养瓶口，如果沾到，则待培养基凝固后，用拧干的酒精棉球把培养基下推，以免棉塞沾到培养基，造成污染。

2. 配好的培养基应放到干净的地方保存。

3. 果蝇饲养时，夏季要注意避免高温，温度持续30℃以上时，应将果蝇置于低温设备

(10～15℃)中。冬季应将果蝇移入恒温培养箱中。

4. 在接放果蝇时,要注意正确使用乙醚麻醉剂,用完后应立即盖好,同时实验室保持通风。

[作业及思考]

1. 记录果蝇生活史。
2. 果蝇作为遗传学主要研究对象有哪些优点?
3. 把鉴别雌雄果蝇的第一性征、副性征填入下表,并绘出雌雄果蝇主要不同特征。

雌雄	外生殖器	腹部末端	腹部背面	腹部腹面	性梳	体型大小
♀						
♂						

实验十一　果蝇的杂交实验与性状的遗传分析

[实验目的]

学习果蝇杂交设计、方法及遗传学数据统计处理方法;通过杂交实验分析,理解自由组合规律、伴性遗传规律;学习并掌握遗传作图方法。

[实验原理]

果蝇的突变型多,且容易观察与分类统计,通过杂交实验及杂交后代的性状遗传分析,可以验证遗传学的基本规律。而且果蝇染色体数目少($2n=8$),遗传背景清楚,突变基因容易定位,便于遗传分析。

验证自由组合定律:野生型果蝇的体色为灰色(E),黑体果蝇的体色为黑色(e),灰色对黑色为完全显性,控制这对相对性状的基因位于第3号染色体上;果蝇的长翅(Vg)对残翅(vg)完全显性,控制这对相对性状的基因位于第2号染色体。用具有这两对相对性状的两纯合亲本杂交,性状的遗传行为应符合自由组合定律(图2-11-1)。

正交(反交)

P: ♀灰体长翅×♂黑体残翅(♀黑体残翅×♂灰体长翅)

EEVgVg　eevgvg　(　eevgvg　EEVgVg)

↓

F_1 灰体长翅

EeVgvg

↓⊗

F_2 灰体长翅:灰体残翅:黑体长翅:黑体残翅

E_V g_　E_vg vg　eeV g_　eevg vg

9 : 3 : 3 : 1

图 2-11-1　双因子杂交遗传图解

验证伴性遗传:野生型红眼果蝇与纯合白眼果蝇杂交,红眼(+)对白眼(w)为完全显性,白眼基因位于 X 染色体上。用红眼雌蝇与白眼雄蝇杂交(正交),白眼雌蝇与红眼雄蝇杂交(反交),F_1 代雌蝇与雄蝇交配。正交 F_1 代雌雄蝇全部为红眼,F_2 代雌蝇全部为红眼,雄蝇红眼与白眼比例为 1∶1(图 2-11-2 左);反交 F_1 代雌蝇全部为红眼,雄蝇全部为白眼,F_2 代雌蝇与白蝇的红眼与白眼比例相同,均为 1∶1(图 2-11-2 右)。

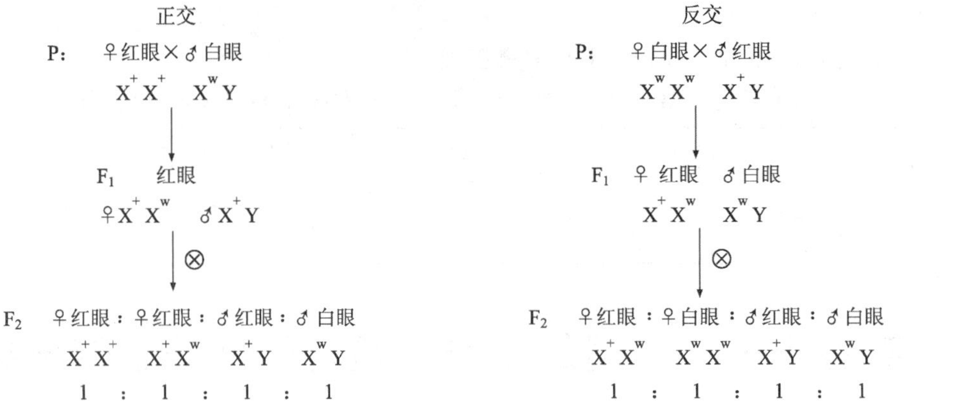

图 2-11-2 伴性遗传图解

三点测验遗传分析:白眼(w)、卷刚毛(sn)、小翅(m)三个突变基因均位于 X 染色体上,相对于野生型为隐性,用纯合突变果蝇(wsnm/ wsnm)与野生型果蝇杂交(+++/Y),获得 F_1 代,有 2 种表现型,雌蝇三基因表现为杂合显性,雄蝇表现为隐性。使 F_1 雌雄果蝇相互交配(即相当于杂合显性与隐性纯合体测交),可获得 8 种表现型的 F_2 代(相当于测交子代 F_t),其表现型的比例与三个基因间的遗传距离相关(图 2-11-3)。

图 2-11-3 三点测验遗传图解

[实验用品]

1. 实验材料

野生型果蝇及不同突变体(♀灰体长翅 EEVgVg、♂黑体残翅 eevgvg、♀黑体残翅 eevgvg、♂灰体长翅 EEVgVg、♀红眼 X^+X^+、♂白眼 X^wY、♀白眼 X^wX^w、♂红眼 X^+Y、♀白眼卷刚毛小翅 wsnm/wsnm、♂红眼直刚毛长翅+++/Y。

2. 实验仪器

双筒解剖镜、恒温箱、高压灭菌锅、天平、放大镜、培养瓶、麻醉瓶、白瓷板、海绵板、镊子、用纱布包裹的棉球或海绵块瓶塞、吸水纸、标签、毛笔、铅笔、胶水等。

3. 实验药品

玉米粉、酵母粉、蔗糖、丙酸、琼脂、70%酒精、乙醚、蒸馏水。

培养基:玉米粉培养基(成分及制作方法参见实验六)。

[实验步骤]

1. 设计实验、准备亲本

在杂交前19～20 d根据实际情况选择杂交组合,按杂交组合数量计划和培养亲本。

2. 收集处女蝇

一般选择在晚上9:00把亲本(种蝇)全部活的成虫转出放飞或处死(一个都不能剩),第二天7:00(12 h内,最好8～10 h)把培养瓶里羽化的成虫转出,并按雌雄分开培养,所得的雌蝇即为处女蝇。

3. 杂交

配好培养基加入培养瓶,把各杂交组合需选的果蝇品系,适度麻醉后每瓶放入3～5对,塞好瓶塞,贴好标签,置于25℃恒温培养箱中培养。

过6～7 d,当部分蛹变黑时,F_1即将孵出,可将亲本蝇移出。为防止实验失败,可留存亲本蝇适当时间。

再过4～5 d,即可移出F_1成蝇,观察各杂交组合F_1成蝇的性状。观察时要注意所有用具都要消毒(用于培养F_2),并做好记录,根据不同性状,分别保存F_1雌雄蝇,供同胞交配。

4. F_1同胞交配

分别把各杂交组合F_1果蝇适度麻醉,然后选3～5对移入含新的培养基的培养瓶中,贴好标签,继续培养(无须挑处女蝇)1周后,放飞F_1成蝇。

5. 观察统计F_2代的结果

在第一只F_2代果蝇羽化成虫后10 d内,观察统计F_2的性别、性状及其对应的数量。

把各杂交组合的果蝇成虫分别倒出试管,并逐个组合麻醉,观察性状,做好记录。

[注意事项]

1. 果蝇要适度麻醉,挑蝇用毛笔,忌用镊子和其他工具,以免影响果蝇生长繁育。

2. 挑处女蝇时,每次只挑12 h内羽化成虫,超过12 h的成虫已逐渐有交配能力,必须一只不留地倒出处死,才能进行第二次挑选。

3. 刚羽化的果蝇色淡白,体软绵,难辨雌雄,务必小心区别。

4. 使用毛笔和瓷板,要用酒精棉球消毒,同时必须晾干才能使用。

5. 每个杂交组合放果蝇时,用毛笔把果蝇扫进试管,试管要平放,待蝇醒后,方能竖起,避免果蝇粘在培养基上被闷死,杂交组合配好后,放回培养箱。

6. 统计第一只孵化成蝇后不超过10 d的F_2代成蝇,免得有F_3代混入影响结果。尽量避免由于操作不当造成的果蝇逃逸,减少对最后结果的影响。

7. 培养箱温度保持在25℃,不要随意更改或调整其他旋钮,以免影响整个实验。

8. 杂交时,正交雌雄蝇比例为4∶5,反交雌雄蝇比例为2∶8。

9. 在进行杂交时,尤其是三点测验,建议设置3次重复,以减少误差的影响。也可将多组数据累加后进行统计，减少误差。

[作业及思考]

1. 根据实际情况完成实验设计及杂交实验。

2. 完成杂交实验的调查及遗传分析(完成表 2-11-1 至表 2-11-3)。

表 2-11-1 果蝇两对性状杂交试验统计

亲本		♀灰体长翅×♂黑体残翅 EEVgVg eevgvg				♀黑体残翅×♂灰体长翅 eevgvg EEVgVg			
F_1 数量		♀		♂		♀		♂	
F_2 统计	性状	灰体长翅 E _ Vg _	灰体残翅 E _ vgvg	黑体长翅 eeVg _	黑体残翅 eevgvg	灰体长翅 E _ Vg _	灰体残翅 E _ vgvg	黑体长翅 eeVg _	黑体残翅 eevgvg
	♀								
	♂								
	总数(o)								
	比例								
	理论值(e)								
	$(o-e)^2$								
	$(o-e)^2/E$								
	$\chi^2=\sum(o-e)^2/e$								
$\chi^2_{0.10,3}=6.251$，$\chi^2_{0.05,3}=7.815$，$\chi^2_{0.01,3}=11.345$									

表 2-11-2 果蝇伴性遗传杂交试验统计

亲本		正交 ♀红眼(X^+X^+)×♂白眼(X^wY)				反交 ♀白眼(X^wX^w)×♂红眼(X^+Y)			
F_1 复眼颜色及数量		♀		♂		♀		♂	
F_2 统计	性状	红眼	白眼	红眼	白眼	红眼	白眼	红眼	白眼
	数量								
	总数(o)								
	比例								
	理论值(e)								
	$(\lvert o-e\rvert-0.5)^2$								
	$(\lvert o-e\rvert-0.5)^2/e$								
	$\chi^2=\sum(\lvert o-e\rvert-0.5)^2/e$								
$\chi^2_{0.10,1}=2.706$，$\chi^2_{0.05,1}=3.841$，$\chi^2_{0.01,1}=6.635$									

表 2-11-3 果蝇三点测验杂交试验统计

<table>
<tr><td colspan="3">亲本</td><td colspan="4">♀白眼卷刚毛小翅
wsnm/wsnm</td><td colspan="4">♂红眼直刚毛长翅
+++/Y</td></tr>
<tr><td rowspan="10">F₂统计</td><td colspan="2">性状</td><td>红直长
+++</td><td>白卷小
wsnm</td><td>白直长
w++</td><td>红卷小
+snm</td><td>红直小
++m</td><td>白卷长
wsn+</td><td>红卷长
+sn+</td><td>白直小
w+m</td></tr>
<tr><td rowspan="3">第1瓶</td><td>♀</td><td></td><td></td><td></td><td></td><td></td><td></td><td></td><td></td></tr>
<tr><td>♂</td><td></td><td></td><td></td><td></td><td></td><td></td><td></td><td></td></tr>
<tr><td>总数</td><td></td><td></td><td></td><td></td><td></td><td></td><td></td><td></td></tr>
<tr><td rowspan="3">第2瓶</td><td>♀</td><td></td><td></td><td></td><td></td><td></td><td></td><td></td><td></td></tr>
<tr><td>♂</td><td></td><td></td><td></td><td></td><td></td><td></td><td></td><td></td></tr>
<tr><td>总数</td><td></td><td></td><td></td><td></td><td></td><td></td><td></td><td></td></tr>
<tr><td rowspan="3">第3瓶</td><td>♀</td><td></td><td></td><td></td><td></td><td></td><td></td><td></td><td></td></tr>
<tr><td>♂</td><td></td><td></td><td></td><td></td><td></td><td></td><td></td><td></td></tr>
<tr><td>总数</td><td></td><td></td><td></td><td></td><td></td><td></td><td></td><td></td></tr>
<tr><td colspan="2">总和</td><td></td><td></td><td></td><td></td><td></td><td></td><td></td><td></td></tr>
</table>

实验十二　粗糙脉孢菌的杂交实验

[实验目的]

1. 了解粗糙脉孢菌的生活周期及特性。

2. 通过粗糙脉孢菌的赖氨酸缺陷型和野生型的杂交实验，观察杂交后代的子囊孢子分离和交换现象，理解顺序四分体的遗传学分析方法，并进行有关基因与着丝粒距离的计算和作图。

[实验原理]

粗糙脉孢菌(*Neurospora crassa*)，又称红色面包霉，属于真菌中的子囊菌纲球壳目脉孢菌属。它是进行顺序四分体分析的好材料，利用其进行遗传分析有如下优点：体积小，易培养，生长快；一次杂交就能产生大量的后代，便于获得正确的统计学结果；子囊孢子是单倍体，表现型直接反映其基因型；一次只需分析一个减数分裂的产物，就可以观测到遗传结果，简单易行；子囊孢子在子囊中的线性排列顺序与减数分裂中期染色体在赤道板两侧的排列顺序相同，便于进行基因分离和连锁遗传分析。

粗糙脉孢菌的营养体由单倍体($n=7$)的多细胞菌丝体和分生孢子所组成，生殖方式有无性生殖和有性生殖两种。无性生殖过程中，由菌丝顶端断裂形成分生孢子。分生孢子有两种，小型分生孢子中含有一个核，大型分生孢子中含有几个核。分生孢子萌发成菌丝，可再生成分生孢子，周而复始。

在有性生殖过程中，粗糙脉孢菌的菌株有两种不同的接合型(mating type)，受一对等位基因控制，并符合孟德尔分离定律，用 A，a 表示。不同接合型菌株的细胞接合产生有性孢子进行有性生殖。有性生殖过程有两种方式：

(1)当菌丝在有性生殖的杂交培养基上增殖时，可产生许多内部附有产囊体的原子囊果，若另一接合型分生孢子落在这原子囊果的受精丝上时，分生孢子的细胞核可以进入受精丝，到达原子囊果的产囊体中，形成接合型基因的异核体。通过核分裂，并进入产囊菌丝中，被隔膜分成一对细胞，形成钩状细胞，亦称原子囊。钩状细胞顶端细胞的两核形成合子，合子核再进行减数分裂，成为 4 个单倍体核(四分体)，再进行一次有丝分裂，形成 8 个核，在一个子囊中顺序地排列。原子囊果在受精后增大变黑，成熟为子囊果。一个子囊果中有 30～40 个子囊，子囊孢子成熟后呈橄榄球状，长 30～40 μm，比其分生孢子(3～5 μm)大得多。子囊孢子如经 60℃处理 1～2 h，便会萌发，长出菌丝，进入无性繁殖。

(2)不同接合型的菌丝相接触，两核融合形成的二倍体合子。合子形成以后就很快在发育着的子囊中进行减数分裂，形成 4 个减数孢子，再进行一次有丝分裂，形成 8 个单倍体的子囊孢子。而整个子囊壳就成为成熟的子囊果。

粗糙脉孢菌的子囊孢子是单倍体细胞，由它萌发长出的菌丝亦是单倍体，即它们是减数分裂的产物。所以一对等位基因决定的性状在杂交子代中得以分离。在粗糙脉孢菌中，一次减数分裂产物包含在一个子囊中，所以从一个子囊中的子囊孢子的性状特征就很容易直观地看到一次减数分裂所产生的四分体中一对等位基因的分离。而且 8 个子囊孢子顺序地排列在狭长形的子囊中，根据这一特征可以进行着丝粒作图，并发现基因转换(gene conversion)。如果两个亲代菌株有某一遗传性状的差异，那么杂交所形成的每一子囊，必定有 4 个子囊孢子属于一种类型，4 个子囊孢子属于另一种类型，其分离比为 1∶1，且子囊孢子按一定顺序排列。如果这一对等位基因与子囊孢子的颜色或形状有关，那么在显微镜下可以直接观察到子囊孢子的不同排列方式。

本实验由赖氨酸缺陷型(Lys^-)与野生型(Lys^+)杂交，得到了子囊孢子分离为 4 个黑色的(＋)和 4 个灰色的(－)，分离比为 1∶1。黑色孢子是野生型，灰色孢子是赖氨酸缺陷型，由于其孢子成熟迟，所以呈灰色。根据黑色孢子和灰色孢子在子囊中的排列顺序，可知合子在减数分裂时，基因 Lys-和着丝粒之间发生交换的情况，最终可有两大类型的子囊出现，即第一次分裂分离子囊和第二次分裂分离子囊，如图 2-12-1 所示。

第二次分裂分离子囊的出现是由于有关的基因和着丝粒之间发生了一次交换的结果。即凡由第二次分裂分离形成的子囊为交换型子囊，而由第一次分裂分离形成的子囊为非交换型子囊。第二次分裂分离的子囊越多，则有关基因和着丝粒之间的距离越远。所以由第二次分裂分离子囊的频度可以计算某一基因和着丝粒之间的距离，称之为着丝粒距离。由于交换仅发生在二价体的四条染色单体中的两条之间，所以交换型子囊中仅有一半子囊孢子属于重组类型，因此可据下列公式求出着丝粒与有关基因之间的重组值：

$$交换值=\frac{交换型子囊数}{交换型子囊数+非交换型子囊数}\times 100\%\times\frac{1}{2}$$

[实验用品]

1. 实验材料

粗糙脉孢菌野生型菌株(Lys^+，接合型 A)，分生孢子呈粉红色；

粗糙脉孢菌赖氨酸缺陷型菌株(Lys^-，接合型 a)，分生孢子呈白色。

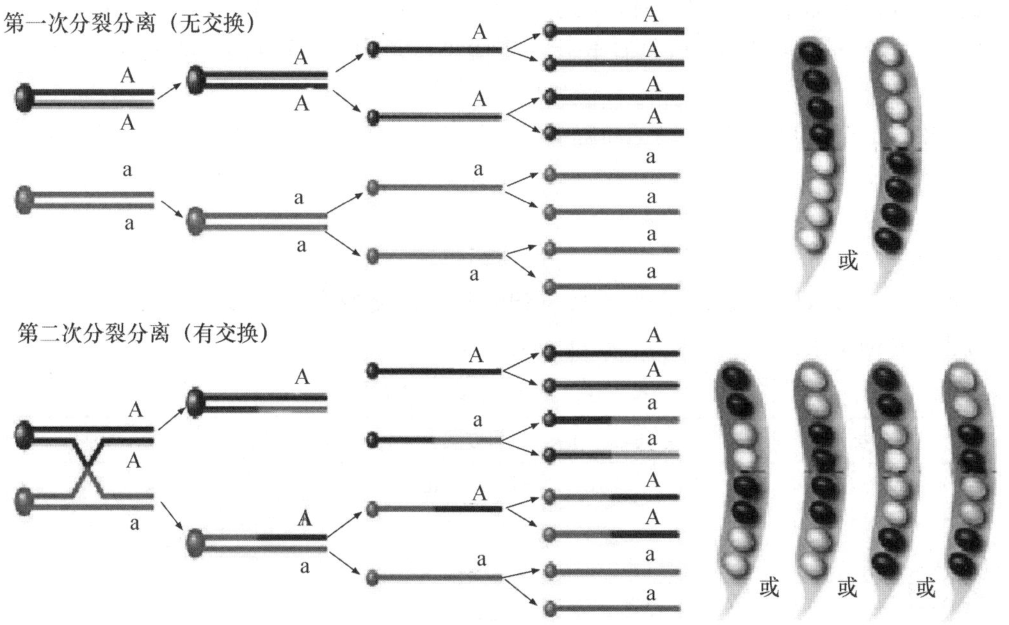

图 2-12-1　赖氨酸缺陷型(Lys^-)与野生型(Lys^+)子囊杂交示意图

2. 实验仪器

显微镜、镊子、酒精灯、接种针、载玻片、试管、解剖针。

3. 实验药品

基本培养基、补充培养基、完全培养基、杂交培养基、5%次氯酸钠、5%石炭酸。

[实验步骤]

1. 菌种活化

将菌种分别接在完全培养基试管斜面上，23℃温箱培养 5 d 左右，直至在试管中长成许多菌丝，并且菌丝的上部有分生孢子。

2. 杂交接种

将两亲本菌株接种在同一杂交培养基上。先接缺陷型，后接野生型，依次在杂交培养基上接种两亲本菌株的分生孢子或菌丝。然后在培养基上放入一灭菌的折叠滤纸，贴上标签，注明亲本及杂交日期。放入 25℃温箱进行混合培养。5～7 d 后就能看到许多棕色原子囊果出现，随后逐渐发育成熟，变大变黑，经 2～3 周，就可在显微镜下观察。

3. 压片观察

将试管中长有子囊果的滤纸片取出放入盛有 5%次氯酸钠的培养皿中。取一载玻片，用接种针挑出子囊果放在载玻片上，用另一载玻片盖上，用手指压片，将子囊果压破，置显微镜低倍镜(10×16 倍)下观察，即可见一个果中会散出 30～40 个子囊。可加一滴水，用解剖针把子囊拨开。此过程不需无菌操作，但要注意不能使子囊孢子散出，致使不能分辨子囊类型。

[注意事项]

1. 观察子囊孢子时，要掌握适当的时期。如果时间偏早，虽有子囊，但孢子均未成熟，无论野生型还是缺陷型都显灰色；过迟都成熟了，全为黑色，不能分辨子囊类型；最好在子囊果发育至成熟大小，子囊壳开始变黑时，每日取几个子囊果压片观察，到合适时期置于 4～5℃冰箱保存。

2. 观察过的载玻片，用过的镊子和解剖针等物都需放入 5%石炭酸中浸泡后取出洗净，以防止污染实验室。

[作业及思考]

1. 观察一定数目的子囊果，在表 2-12-1 记录每个杂交型完整子囊的类型，并计算出 Lys 基因与着丝粒的重组值。

表 2-12-1　子囊杂交实验结果

子囊类型		孢子排列方式	观察数	合计
第一次分裂分离	1	++++−−−−		
	2	−−−−++++		
第二次分裂分离	3	++−−++−−		
	4	−−++−−++		
	5	++−−−−++		
	6	−−++++−−		

2. 根据实验结果，绘出观察到的杂交子囊的图。

第3章 细胞质遗传

实验十三　植物雄性不育的观察和鉴定

[实验目的]

了解植物雄性不育性的基本特征，掌握雄性不育系的植物学形态特征和花粉育性鉴定技术。

[实验原理]

植物雄性不育是指植物雄性生殖器官不能产生正常功能的雄配子——花粉的现象，如植物花药中无花粉、花粉败育和不裂药等均属雄性不育，但雌蕊发育正常，能接受正常花粉而受精结实的现象。由于不育株在植株形态、花器结构、花粉活性等方面都与正常可育植物表现出差异，可将雄性不育植株鉴定出来。一个优良的雄性不育系必须具有不育性稳定，且不育株率和不育度都达到100%，农艺性状好，且整齐一致，柱头外露率高，开花习性良好，以利提高制种产量。当前农作物杂种优势利用方法主要有雄性不育系、雄性不育保持系和雄性不育恢复系的三系配套，以及雄性不育系和雄性不育恢复系的两系配套。据统计已经在43科162属320个种和297个种间杂种植物中发现了雄性不育现象，并且这个数目还在不断增加。其中水稻、油菜、玉米的雄性不育性已用于大田生产之中。

植物的雄性不育的鉴定一般采用植株形态、花粉育性镜检和套袋自交等方法。

1. 雄性不育系和保持系植株形态特征的观察和识别

不同作物的不育系及其保持系(或恢复系)在株型、株高、分蘖、叶色、抽穗、开花时间、花药形态、颜色、开裂等情况和开颖角度等形态性状上有明显的区别，几种主要作物的雄性不育系及保持系的植株形态差异见表3-13-1和图3-13-1、表3-13-2和图3-13-2、表3-13-3和图3-13-3，并据此断定其是否是不育系。

表3-13-1　水稻雄性不育系与雄性保持系植株形态比较

性状	不育系	保持系
株型	较紧凑，植株较矮	较松散，植株较高
分蘖	分蘖力较强	分蘖力较弱
抽穗开花时间	较长，较分散	有明显高峰期
穗颈	有包颈现象	正常
花药形态、色泽、开裂情况	瘦小、干瘪、白色或淡黄色水渍状，不开裂	肥大、饱满、鲜黄色、开裂

(仿自：洪德林，作物育种学实验技术，2010)

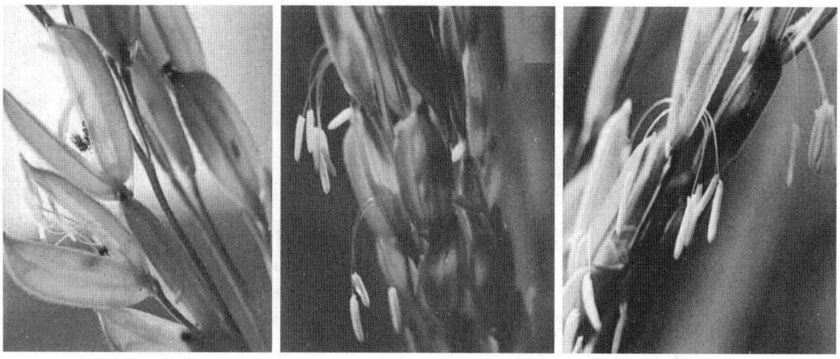

1. 不育系　　2. 保持系　　3. 恢复系

图 3-13-1　水稻雄性不育系,恢复系和保持系形态

表 3-13-2　玉米雄性不育系与雄性保持系植株形态比较

性 状	不 育 系	保 持 系
雄穗	不发达	发达,松散
小穗着生	在主轴上着生稀而扁平	饱满而个体大
颖花开放	关闭,不开放	开放,花丝伸长
花药形态	短小,干瘪,浅褐色,不伸出颖片外,不开裂	大而饱满,黄绿色,开花时伸出颖片,开裂散粉
花粉	无花粉或花粉败育,不散粉	花粉量很多,散粉

(仿自:洪德林,作物育种学实验技术,2010)

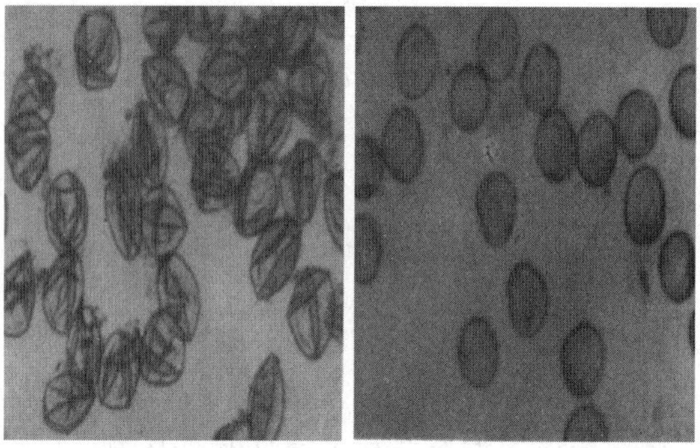

1. 不育系　　2. 保持系

图 3-13-2　玉米雄性不育系与保持系花粉形态

(引自李竞雄等 1998)

表 3-13-3　油菜雄性不育系与雄性保持系植株形态比较

性 状	不 育 系	保 持 系
花蕾	瘦小,色浅	肥大饱满,色深
花瓣	较小,基部较细,色浅	大,色深
花药	短小,约为正常的 1/2,顶端无钩,白色	长而肥大,鲜黄色
雌蕊	短,呈短颈瓶状,色浅,有的略弯	长,呈长颈瓶状

(仿自:洪德林,作物育种学实验技术,2010)

1. 花的育性　　2. 不育系　　3. 恢复系

图 3-13-3　油菜雄性不育系,恢复系和保持系形态

2. 花粉育性的鉴定

花粉育性测定的方法较多,常用的有:①形态鉴定。花粉有无育性在形态上存在明显的差异,即形态是否发育正常,其内部淀粉等内含物是否充实。正常花粉内含物充实饱满,形状规则,大小整齐。因内部含有较多淀粉粒而遇 1%I-KI 溶液呈紫黑色反应,染色均匀,形状规则近圆形;而发育不正常的花粉,染色不均匀,内含物不充实而空秕,形状也不规则,大小参差不齐(图 3-13-4 之 1)。②染色鉴定。用不同的化学试剂如氯化三苯基四氮唑(2,3,5-triphenyltetrazolium chloride、$C_{19}H_{15}N_{4}Cl$,简称 TTC 或四唑)、联苯胺茶酚等快速鉴定花粉生活力。TTC 是一种氧化还原染料,因为花粉中呼吸酶的活跃情况能反映其生活力的强弱,因此 TTC 可用于检验花粉呼吸过程中脱氢酶的活性。TTC 能在呼吸酶作用下着色,根据着色情况可判断花粉生活力。具有生活力的花粉中含有脱氢酶,它催化底物使脱下的氢与 TTC 结合,生成红色化合物甲醛。因此,凡有生活力的花粉呈红色,生活力弱的呈浅红色,无生活力的不显色或成黄色(图 3-13-4 之 2)。③花粉发芽鉴定。配制一定浓度的蔗糖溶液等作培养基,在人工控制条件下进行花粉发芽试验。根据花粉发芽率的高低衡量花粉生活力(图 3-13-4 之 3)。也可以在授粉数小时后直接观察柱头花粉萌发伸长情况。

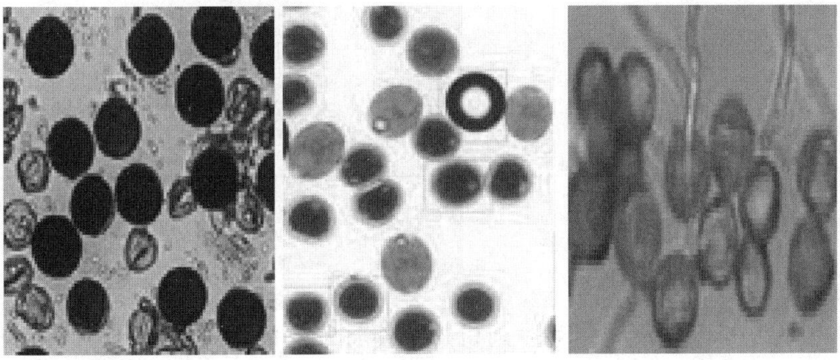

1. I-KI 溶液染色　　2. 花粉 TTC 染色　　3. 花粉发芽鉴定

图 3-13-4　花粉育性的鉴定

3. 雄性不育系套袋自交结实性鉴定

套袋自交是鉴定育性最准确、最可靠的方法。在不育系中选择刚抽穗或现蕾但尚未开花的穗或花序,套羊皮纸袋并用别针固定,让其自交。15 d 后,去掉纸袋,统计其自交结实情况,套袋的株(穗)只要有一粒结实的就为结实株(穗)。再按以下公式计算不育株(穗)率和不育度。

不育株(穗)率= 不育株(穗)数/套袋总株(穗)数×100%

不育度= 不育花(朵)数/总花(朵)数×100%

最后根据不育度,确定不育度等级。

[实验用品]

1. 实验材料

水稻、玉米、油菜雄性不育系及其保持系(或恢复系)的植株。

2. 实验仪器

放大镜、显微镜、镊子、解剖针、载玻片、盖玻片、回形针、羊皮纸袋、标签、吸水纸等。

3. 实验药品

1% I_2-KI 溶液,0.2%TTC 溶液。

[实验步骤]

一、雄性不育系和保持系植株形态特征的观察和识别

对不同的不育系及其保持系(或恢复系)进行植株形态观察比较,调查株型、株高、分蘖、叶色、抽穗、开花时间、花药形态、颜色、开裂等情况和开颖角度等形态特征,断定其是否是不育系,并选择你认为区分最明显的3~4个性状填入表3-13-4中,以此证实观察结果。

表 3-13-4 植物雄性不育的形态学观察

植物	编号	是否雄性不育	判断依据			
			性状 1	性状 2	性状 3	性状 4

二、花粉育性的鉴定

1. 花粉育性的形态鉴定

(1)取样 分别从不育系、保持系中随机选取即将开花的穗或花序2~4个,挂上标签,带回室内。从中选择花药已伸长达颖壳或花蕾2/3的花朵3~4个,剥开内外颖或花瓣,从每朵花中取花药3个左右,做镜检制片。

(2)制片 将花药置于载玻片上,用镊子轻轻捣碎,滴上大半滴1% I_2-KI 溶液染色,捡出花药壁后,盖好盖玻片,用吸水纸吸去多余的 I_2-KI 溶液。

(3)镜检 将制好的玻片置于显微镜下仔细观察,每片选择有代表性的视野3~5个观察花粉粒的形状和染色反应(图3-13-5)。计数每个视野内不育花粉粒的数目,计算不育花粉的百分率。

不育花粉率＝不育花粉粒数/总花粉粒数×100％

2. TTC 染色法鉴定

(1)取样　同上。

(2)染色　取已成熟尚未开花的花药 5～10 个，切断花药两端，放入小烧杯中，加 0.2％ TTC 溶液，使花药完全浸入反应液中，在 300℃左右下染色 30～60 min。

(3)压片　取出花药，置于载玻片上，用解剖针压出花粉，去掉花药药壁组织，盖上盖玻片。

(4)镜检　在显微镜下取 3～5 个视野，统计着色花粉百分率。

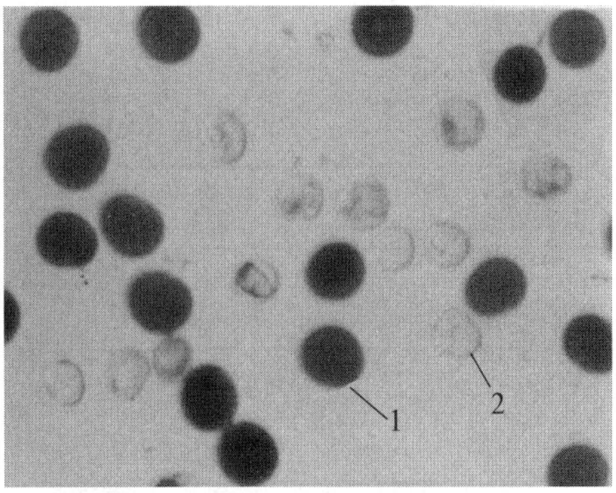

图 3-13-5　玉米花粉育性的形态鉴定

1. 可育花粉　　2. 不育花粉

计算不育花粉率同上，最后根据不育花粉率，判定花粉不育等级。判断标准见表 3-13-5。将鉴定结果列于表 3-13-6。

表 3-13-5　花粉不育性分级标准

不育等级	正常可育	低不育	半不育	高不育	全不育
不育花粉率/％	＜50	50～69	70～94	＞95	100

表 3-13-6　花粉不育性鉴定结果

作物	编号	每视野花粉粒数				每视野不育花粉粒数				不育花粉率/％	不育等级
		1	2	3	平均	1	2	3	平均		
水稻	1										
	2										
	3										
玉米	1										
	2										
	3										
油菜	1										
	2										
	3										

(引自：申宗坦，作物育种学实验，1995)

三、雄性不育系套袋自交结实性鉴定

在不育系中选择刚抽穗或尚未开花的花序 10 个，每穗或花序 5 朵花，套上羊皮纸袋，用回形针固定让其自交结实。15 d 后去掉纸袋，分别统计其自交结实情况。计算不育株(穗)率，不育度。

不育株(穗)率＝ 不育株(穗)数/套袋总株(穗)数×100％

不育度＝ 不育花(朵)数/总花(朵)数×100％

植物的不育度划分标准见表 3-13-7 和表 3-13-8。

将鉴定结果填入表 3-13-9，并计算其不育株率和不育度等级。

表 3-13-7 水稻、油菜不育系不育度分级标准

不育等级	正常可育	低不育	半不育	高不育	全不育
水稻不育度/%	＜20	20～49	50～89	90～99	100
油菜不育度/%	＜10	10～50	50～80	＞80	100

（仿自：申宗坦，作物育种学实验，1995）

表 3-13-8 玉米雄花育性分级标准

级别	雄花育性	不育等级
0	花药不外露，无花粉或花粉败育	全不育
1	花药外露 5%左右，花药干瘪，花粉败育	高不育
2	花药外露 25%以下，花药小，半开裂，有少量可育花粉	半不育
3	花药外露 50%以下，花药稍小，半开裂，有较多可育花粉	半可育
4	花药外露 75%左右，花药饱满，正常散粉，有少量败育花粉	高可育
5	花药全部外露，花药饱满，正常散粉	全可育

（引自：申宗坦，作物育种学实验，1995）

表 3-13-9 不育系育性鉴定结果

不育系名称	不育株(穗)率	不育等级

［注意事项］

I_2-KI 溶液染色不能准确表示花粉的活力，因为三核期退化的花粉已有淀粉积累，遇碘呈蓝色反应。另外，含有淀粉而被杀死的花粉粒遇 I_2-KI 也呈蓝色。

［作业及思考］

1. 完成表 3-13-4、表 3-13-6、表 3-13-9，并对结果进行分析。
2. 有哪些鉴定花粉活力的方法？其优缺点有哪些？
3. 不同农作物雄性不育系最显著的共同特点是什么？

第4章

细菌和病毒遗传

实验十四 大肠杆菌的转化实验

[实验目的]

理解转化的原理，掌握细菌感受态细胞的常规制备方法，学习用质粒 pUC19-*EIS* 转化大肠杆菌 DH5α 菌株的方法。

[实验原理]

1928 年，Griffith 在肺炎双球菌（*Diplococcus pneumoniae*）中发现了转化现象。1944 年，Oswald Avery，Colin Macleod 和 Maclyn McCarty 共同鉴定了转化因子的本质，这项成果不仅肯定了 DNA 是遗传物质，也提供了一种将外源基因转入细菌细胞的方法。阐明了遗传物质的本质，促进了细菌遗传学与分子生物学的诞生。

转化是外源 DNA（包括染色体 DNA 和质粒 DNA）引入受体细胞，从而传递遗传信息的过程。转化与限制性内切核酸酶、反转录酶的发现，使基因工程成为可能。现代基因工程中，把体外重组的 DNA 导入细菌细胞的一种重要方法即是这项技术，它已成为一种常用的基本实验手段。

转化是一个自然存在的过程。在细菌转化过程中，受体细菌必须处于一种特殊的生理状态，即感受态状态（competent cell）。处于感受态和非感受态的细菌都可以吸附 DNA，但是只有处于感受态的细菌所吸附的 DNA 是稳定的，不易被洗脱掉。感受态是指受体（或者宿主）最易接受外源 DNA 片段并实现其转化的一种生理状态，它是由受体菌的遗传性状所决定的，同时也受菌龄、外界环境因子的影响。目前应用较广的受体主要是大肠杆菌，野生型大肠杆菌不容易转化，因为细菌产生的酶能够迅速降解进入的外源 DNA。后经研究发现通过一些化学方法处理，改变细菌细胞膜对外源 DNA 的通透性，可以获得感受态细胞，增加吸收外源 DNA 的效率。感受态细胞的制备是重组 DNA 转化细菌的技术关键。转化是将外源 DNA 分子引入受体细胞，使之获得新的遗传性状的一种手段，它是微生物遗传、分子遗传、基因工程等研究领域的基本实验技术。

目前应用较广的转化方法主要有两种：化学转化法（$CaCl_2$）和电击转化法。大肠杆菌转化常用化学法（$CaCl_2$ 法），其原理是细菌处于 0℃的 $CaCl_2$ 低渗溶液中，细菌细胞膨胀成球形，转化混合物中的 DNA 形成抗 DNase（DNA 酶）的羟基-钙磷酸复合物黏附于细胞表面，经 42℃

短时间热冲击处理，促使细胞吸收DNA复合物，在丰富培养基上生长数小时后，球状细胞复原并分裂增殖。被转化的细菌中，重组子中基因得到表达，在选择性培养基平板上选出所需的转化子，并用菌落PCR进行鉴定。化学法简单、快速、稳定、重复性好，菌株适用范围广，感受态细菌可以在−70℃保存，因此被广泛用于外源基因的转化。除化学法转化细菌外，还有电击转化法，电击法依靠短暂的电击促使DNA进入细菌，转化率最高能达到10^9～10^{10}转化子/闭环DNA。电击法因操作简便，愈来愈为人们所接受。

［实验用品］

1. 实验材料

大肠杆菌DH5α菌株、pUC19-*EIS*质粒（氨苄青霉素抗性）。

2. 实验仪器

超净工作台、恒温摇床、低温离心机、恒温水浴锅、高压蒸汽灭菌锅、分光光度计、电击仪。

3. 实验药品

菌落PCR引物(P1:5′-CGG GGT ACC ATG GAT ACA TCA AAT GCA AC-3′，P2:5′- CCC AAG CTT GTC ATT ATT AAA CTG CAC TT-3′)、LB培养基、$CaCl_2$溶液、甘油、SOC培养基（青岛海博生物技术有限公司）。

LB液体培养基：称取蛋白胨10 g，酵母提取物5 g，NaCl 10 g，溶于800 mL蒸馏水中，用NaOH调pH至7.5，加水至总体积1 000 mL，高压灭菌15 min。

LB固体培养基：称取蛋白胨10 g，酵母提取物5 g，NaCl 10 g，溶于800 mL蒸馏水中，用NaOH调pH至7.5，加入琼脂粉15 g，加水至总体积1 000 mL，高压灭菌15 min。

［实验步骤］

一、化学转化法

1. 感受态细胞的制备

(1)受体菌的培养：从LB平板上挑取新活化的*E. coli* DH5α单菌落，接种于3～5 mL LB液体培养基中，37℃下振荡培养12 h左右，直至对数生长后期。将该菌悬液以1∶(100～50)的比例接种于100 mL LB液体培养基中，37℃振荡培养2～3 h至OD_{600}=0.5左右。

(2)将培养液转入离心管中，冰上放置10 min，然后于4℃下4 000 r/min离心10 min。

(3)弃去上清液，用预冷的0.05 mol/L的$CaCl_2$溶液10 mL轻轻悬浮细胞，冰上放置15～30 min后，4℃下4 000 r/min离心10 min。

(4)弃去上清液，加入4 mL预冷含15%甘油的0.05 mol/L $CaCl_2$溶液，轻轻悬浮细胞，冰上放置几分钟，即成感受态细胞悬液。

(5)感受态细胞悬液分装成100～200 μL的小份，贮存于−70℃。

2. 转化

(1)−70℃冰箱中取200 μL感受态细胞悬液，室温下使其解冻，解冻后立即置冰上。

(2)加入pUC19-*EIS*质粒DNA溶液（含量不超过50 ng，体积不超过10 μL）轻轻摇匀，冰上放置30 min。

(3)42℃水浴中热激90 s，热激后迅速置于冰上冷却3～5 min。

(4)向管中加入 1 mL LB 液体培养基(不含 Amp),混匀后 37℃震荡培养 1 h,使细菌恢复正常生长状态,并表达质粒编码的苄氨青霉素抗性基因(Amp^r)。

(5)取 200 μL 菌液涂布在含载体所抗氨苄青霉素 Amp(50 μg/mL)的 LB 平板上,平板正面向上放置 30 min,待菌液完全被培养基吸收后,倒置培养皿 37℃培养 24 h。

3. 转化子的筛选鉴定

将长出的菌落进行标记,挑取少量单菌落置于 20 mL 含有 50 μg/mL 氨苄青霉素的 LB 液体培养基中,37℃ 200 r/min 振荡培养 12~16 h。保存菌种后,取 1 μL 菌液做模板,进行菌落 PCR,剩下菌液用于提取质粒。菌落 PCR 的结果如图 4-14-1 所示。

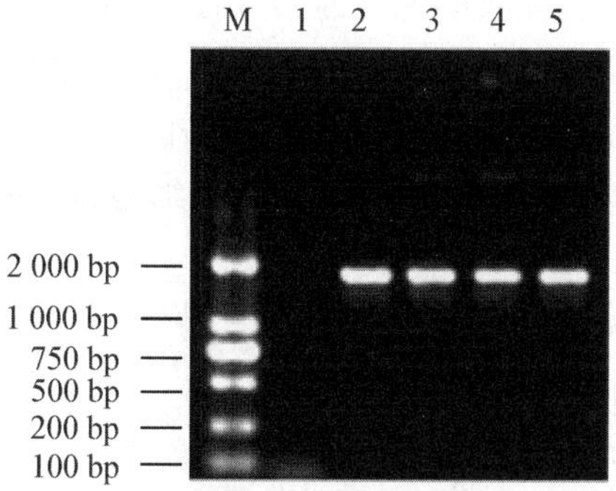

图 4-14-1 菌落 PCR

M. DL2 000 Marker 1. 对照 2. pUC19-*EIS* 质粒 3~5. pUC19-*EIS* 质粒转化子菌落

二、电击转化法

1. 感受态细胞的制备

(1)DH5α 感受态细胞划线培养。在超净工作台中,将感受态细胞划线至不含抗生素的 LB 固体培养基上,封口后倒置,放于 37℃的培养箱中培养 12~16 h。

(2)挑单菌落接种到 5 mL 不含抗生素的 LB 液体培养基中,置于 37℃ 200 r/min 的摇床中震荡培养过夜。

(3)取 1 mL 过夜培养的菌液至 250 mL 的不含抗生素的 LB 液体培养基中,37℃ 200 r/min 摇床中震荡培养 4~5 h,至 OD_{600} 在 0.8 左右。

(4)在超净工作台上将菌液分装到预冷的 50 mL 离心管中,4℃ 离心 20 min,弃上清液。

(5)加入 5 mL 预冷的 10%甘油,涡旋振荡,重悬菌体,4℃ 离心 20 min,弃上清液。

(6)重复步骤(5)。

(7)加入 2 mL 预冷的 10%甘油,重悬菌体。按 50 μL 每管分装到预冷的 1.5 mL 离心管中,在液氮中冻一下,放−80℃保存。12~24 h 内即可用于转化。

2. 电击转化

(1)将 pUC19-*EIS* 质粒和 DH5α 感受态细胞在冰上解冻,解冻之后在 50 μL 的感受态细胞中加入 1.5 μL,混匀,冰浴中 15 min。

(2)将感受态细胞混合液加入预冷的电击仪中,选择大肠杆菌程序,迅速按下高压按钮。

(3)迅速在电击杯中加入 400 μL 预冷的 SOC 培养基,迅速混匀后取出,加入 1 mL 预热的

SOC 培养基，37℃ 200 r/min 震荡培养 45～60 min。

(4)取培养液 100 μL、200 μL、300 μL、400 μL 均匀涂到含有卡那霉素的抗性培养上培养 12～16 h。

3. 转化子的筛选鉴定

同化学转化法。

[注意事项]

1. 必须挑取新活化的 *E. coli* DH5α 单菌落进行培养。
2. 所用的 $CaCl_2$ 等试剂均需是最高纯度的，并用最纯净的水配制，最好分装保存于 4℃。
3. 热转化法中受体菌培养浓度严格控制在 $OD_{600}=0.5$ 左右。
4. 实验过程中严格无菌操作，防止杂菌和杂 DNA 的污染。
5. 实验操作均需在冰上进行，不能离开冰浴，否则细胞转化率将会降低。

[作业及思考]

1. 什么是转化？什么是转导？两者有何区别？
2. 按实验要求进行感受态细胞的制备并完成转化实验。
3. 进行转化子筛选鉴定，将 pUC19-*EIS* 质粒菌落 PCR 照片打印粘贴。
4. 制备高效率的感受态细胞的注意事项有哪些？

实验十五　大肠杆菌接合与基因定位——中断杂交实验

[实验目的]

理解大肠杆菌 F^+ 菌株、F^- 菌株和 Hfr 菌株之间的关系，掌握细菌有性杂交、遗传重组的原理。学习进行细菌接合转移和基因定位的方法。

[实验原理]

1946 年，Lederberg 和 Tatum 在研究大肠杆菌基因重组的时候，发现细菌之间的接合作用(杂交)，另一位遗传学家 Davis 通过 U 形管实验证明了这种大肠杆菌中的遗传物质重组必须通过细菌间的接触才能发生。在发现杂交后 6 年即 1952 年，伦敦的微生物学家 William Hayes 证明了细菌杂交中接合的两个细菌的作用是不平等的，进一步研究表明作为遗传物质供体的是一种含有 F 因子的菌株，将这种菌株称为 F^+ 菌株。F 因子一般游离于细菌染色体之外，也可能整合到染色体上，因此是一种被称为附加体的质粒。

大肠杆菌的染色体为环状染色体，带有 F 因子的菌株能够与不带 F 因子的菌株(F^- 菌株)进行杂交进而发生基因重组。带有 F 因子的细菌，细胞表面会形成一种与细胞接合作用相关的毛状突起，称为性纤毛，长 1～20 μm。性纤毛促使供体和受体细胞特异配对，在受体细胞上有纤毛的特异结合位点，当性纤毛结合到这些特异性位点后，开始收缩并将 2 个细菌拉拢形成作为遗传物质转移通道的接合管，遗传物质便可进行转移。

F^+菌株和F^-菌株杂交将产生F^+菌株后代(约70%),而发生基因重组的频率为10^{-7}。当F因子整合到细菌染色体的时候,产生了高频重组菌Hfr品系,高频重组品系和F^+菌株有相似的杂交特性,但其和F^-菌株杂交时发生重组频率为10^{-4},且产生的后代为F^-菌株。Hfr菌株在受到紫外线照射处理后会产生一种F'菌株,这是由于Hfr菌株染色体中的F因子的不正常环出造成的,此时的F'因子含有供体细胞的特定基因,如果在与F^-菌株的杂交中进行高频传递则可形成部分二倍体,而这种通过F'因子所介导的供体菌向受体菌特定的基因转移便称为性导。

大肠杆菌的染色体环状。高频重组的细菌(Hfr)的染色体上整合有F因子,不同的Hfr菌株中因F因子的整合位置不同而形成不同的品系。Hfr菌株和F^-菌株接触可以产生两个细菌细胞的接合并导致染色体从Hfr细菌向F^-方向转移,已知其染色体的转移总是从F因子的转移起始位点开始,且在转移过程中可以随时发生断裂。

由于染色体的转移具有方向性而且随时可以中断,所以离转移起始点越近的基因有更多的机会出现在F^-细菌中,愈是后端的基因出现的机会越少。由于基因的转移频率是以重组子出现的频率而定的,所以根据接合后F^-细菌中出现基因重组频率的高低,就可以知道相应基因转移的先后顺序并确定大致的位置而进行定位。

本实验以对链霉素敏感的野生型大肠杆菌Hfr为供体,以带有多重缺陷的大肠杆菌F^-为受体。首先必须从Hfr和F^-混合物中筛选已经发生重组的细菌。选择某一个或两个离转移起始位点近的基因作为选择性标记,作为100%的重组子,然后在这些重组子中逐个地测定其他来自Hfr的基因(非选择性标记)的出现,在这里选择的是met^-、leu^-,*str*作为选择性标记,将测定*arg*,*ade*,*trp*,*his*,*lac*,*gal*,*rif*等基因的排列顺序。

注意:一般抗药性基因突变是隐性,没有发生突变的野生型基因是显性,所以在含有抗生素的平板上测定抗药性基因的转移,往往是以不生长为前提的。

[实验用品]

1. 实验材料

(1)*E. coli* 5-1 Hfr *sup*

(2)*E. coli* 5-2 F^- *leu purE trp his metA iso vol arg thi ara Lacy xyl mtl gal malA*

2. 实验仪器

微量进样器(0.1 mL、0.5 mL、1.5 mL)及相应的吸头,牙签,玻璃涂棒。

超净工作台,高压蒸汽灭菌锅,恒温摇床,酒精灯,接种环。

3. 实验药品

所有的选择培养基平板都是以基本培养基为前提,然后根据不同的选择性标记来添加或改变不同的营养物质。碳源及抗生素具体配制如下表:

类型	选择性标记	碳源	str	rif	arg	ilv	met	leu	ade	trp	his	B_1
A	(met,leu,str)	葡萄糖	+	−	+	+	−	−	+	+	+	+
B	(met,leu,str)+arg	葡萄糖	+	−	−	+	−	−	+	+	+	+
C	(met,leu,str)+ade	葡萄糖	+	−	+	+	−	−	−	+	+	+
D	(met,leu,str)+trp	葡萄糖	+	−	+	+	−	−	+	−	+	+

续表

类型	选择性标记	碳源	str	rif	arg	ilv	met	leu	ade	trp	his	B_1
E	(met,leu,str)+his	葡萄糖	+	−	+	+	−	−	+	+	−	+
F	(met,leu,str)+lac	乳糖	+	−	+	+	−	−	+	+	+	+
G	(met,leu,str)+gal	半乳糖	+	−	+	+	−	−	+	+	+	+
H	(met,leu,str)+rif	葡萄糖	+	+	+	+	−	−	+	+	+	+

注:A-H 各种培养基添加的各种不同成分“+”表示添加,“−”表示不加。

细菌的突变性状通常用 3 个小写的斜体字母表示,如 *leu* 即表示该菌株的基因型是亮氨酸缺陷型。有时这些字母后再接一个大写字母以进一步区分相关的位点(如 *met*A)。

sup:具有(而不是不具有)无义突变抑制基因(这是一个易弄混的符号);

ara:能利用阿拉伯糖;*leu*:需要亮氨酸;*lac*:能利用乳糖;*pur*E:需要腺嘌呤;

gal:能利用半乳糖;*trp*:需要色氨酸;*his*:需要组氨酸;*arg*G:需要精氨酸;

*mal*A:能利用麦芽糖;*str*A:抗链霉素;*xyl*:能利用 *D*-木糖;*mtl*:需要 *D*-甘露醇;

ilv:需要异亮氨酸+缬氨酸;metA:需要甲硫氨酸;thi:需要维生素 B_1。

基本培养基:

柠檬酸钠($Na_3C_6H_5O_7 \cdot 2H_2O$)	3.0 g
KH_2PO_4	5.0 g
NH_4NO_3	2.0 g
$MgSO_4 \cdot 7H_2O$	0.2 g
$CaCl_2 \cdot 2H_2O$	0.1 g
微量元素溶液	1.0 mL
生物素溶液(10 μg/mL)	1.0 mL
蔗糖	20.0 g
琼脂	15.0 g
加蒸馏水至 1 000 mL	

各成分添加的量为(每 1 000 mL 培养基):200 mg 链霉素,4 g 糖,40 mg 氨基酸(20 mg 异亮氨酸,20 mg 缬氨酸)。

[实验步骤]

(1)实验前的 14~16 h,将供体 5-1 和受体 5-2 分别接种在 5 mL 肉汤的 2 个三角瓶中,37℃过夜。

(2)第 2 天,将供体和受体按 1∶1比例用 LB 肉汤稀释,并在 37℃中继续培养 3~4 h。

(3)吸供体 1 mL 和受体 4 mL 混合于一空试管中,在 37℃水浴中保温 100 min。

(4)保温后,将混合液按 10 倍系列稀释至 10^0、10^{-1}、10^{-2},每个稀释度各取 3 个 0.1 mL 涂布在含链霉素,不加甲硫氨酸和亮氨酸,其他受体所缺陷的营养物质全加的基本培养基平板上(即表中的“A”),同时,将供、受体分别各取 0.1 mL 涂“A”平板上以作 CK。37℃培养 2 d。

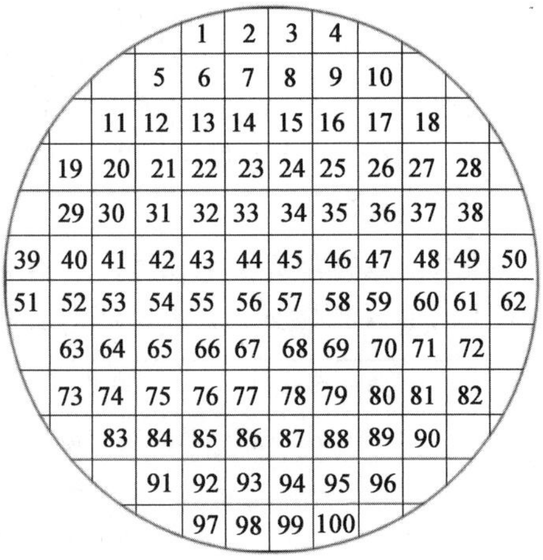

图 4-15-1　100 格纸式样

(5)选择在"A"上长出的菌落,并与对照进行比较,挑取100个单菌落,用灭菌牙签点种在由B—H的各选择性平板上,37℃培养过夜(图4-15-1)。

(6)第2天,观察各组合培养基上菌落生长情况,并统计菌数,将全班不同组生长的菌落数填入表4-15-1,以便根据重组子的出现频率确定供试基因的排列顺序。

[注意事项]

1. 链霉素不耐高温,不能与其他成分一起进行高压灭菌。而应在倒平板前,用无菌水配制后直接加入。

2. 加有葡萄糖的培养基其灭菌所需的压力与时间是0.56 kg/ cm^2(8磅/英寸),112.6℃,15 min。

3. 色氨酸需要在50~60℃的水浴中溶解,腺嘌呤不溶于水,需先用0.2 mol/L的盐酸调匀后,再用一定量的水溶。

[作业与思考]

1. 本实验中采用的 met^- 和 leu^- 二个标记起什么作用?

2. 观察统计实验结果。

表 4-15-1 实验结果记录表

实验组号	乳糖	半乳糖	利福平	精氨酸	腺嘌呤	色氨酸	组氨酸
1							
2							
3							
4							
5							
6							
7							
8							
9							
10							
11							
12							
13							
14							
15							
16							
总数							

注:利福平基因的转移数应根据点种数减去长出的菌落数而得。

第5章 数量性状遗传

实验十六　数量性状的遗传分析

[实验目的]

了解数量性状及其特点，掌握遗传率的计算方法，理解遗传率在育种中的应用。

[实验原理]

性状的变异分为连续变异和不连续变异两种。表现不连续的变异，不易受环境条件影响的性状为质量性状，如豌豆的花色（红花与白花）、籽粒性状（饱满与皱缩）等；表现连续的变异，容易受环境条件影响的性状为数量性状，如植物的株高、产量性状等。

遗传率（heritability）也称遗传力，是表示遗传因素与环境影响对数量性状表现相对重要性的指标。由于对遗传变异的分解和测定方法的不同，遗传率的定义分为广义遗传率（broad sense heritability）、狭义遗传率（narrow sense heritability）。

广义遗传率是指基因型方差占表现型总方差的比率，记为 h_B^2，其公式为：

$$h_B^2=\frac{V_{F_2}-V_E}{V_{F_2}}\times 100\%$$

广义遗传率的概念只将表现型方差分解成遗传因素引起的变异和环境因素引起的变异两部分。如果从基因作用的角度来分析，基因型方差可进一步分解成三个组成部分：

V_A：基因加性方差，是由基因累加效应引起的遗传变异，是能稳定遗传的方差组分。

V_D：显性方差，是等位基因互作效应引起的遗传变异，是产生杂种优势的主要方差组分。

V_I：上位性方差，是非等位基因互作效应引起的遗传变异，是能部分遗传的方差组分。

由于构成基因型方差的三个组分中只有基因加性方差是可固定的遗传变量，它在上下世代间可稳定传递，因此这部分变量对动植物的育种更为重要，于是将基因加性方差占表现型方差的比率定义为狭义遗传率，记为 h_N^2，其公式为：

$$h_N^2=\frac{2V_{F_2}-(V_{B_1}+V_{B_2})}{V_{F_2}}\times 100\%$$

对育种工作者来说，制定一个有效的选择方案对于取得理想的选择效果是非常重要的。遗传率在此方面有重要作用。遗传率大的性状可以在分离的早世代按表现型选择，就是根据育种目标把表现型符合要求的个体选出来混在一起，构成下一代群体，这种选择可以从早世代

比如 F_2 世代开始进行。遗传率小的性状按基因型为依据的单株选择，也就是将各种表现型的单株或单穗单独收获，下一代建立株系，根据株系的平均表现确定产生株系的基因型的优劣，决定相应株系的取舍。此外，由于遗传率可以随世代增加而提高，在较晚世代选择那些在早世代遗传率较低的性状可以改善选择效果，比如从 F_4 以后再进行选择。

另外，遗传率分析能帮助了解数量性状的变异性质。了解各部分方差的组成对性状表现的相对重要程度，对制定育种策略有指导意义。如果加性方差普遍存在，并占有重要地位，对该性状的改良则应采取组合育种的策略；如果某些性状的显性作用比较显著，还有上位性作用存在，则说明对这些性状的改良走杂种优势利用的途径是可取的。

数量性状受多基因控制，且各基因间的关系复杂，因此进行数量性状遗传分析时，往往采用数理统计的方法进行分析。本实验通过分析玉米穗长，估算其广义遗传率和狭义遗传率。

[实验用品]

1. 实验材料

玉米不同穗长品种间杂交组合的亲本 P_1 与 P_2，及其杂种后代 F_1，F_2 回交子代 $B_1(F_1 \times P_1)$ 和 $B_2(F_1 \times P_2)$ 的试验考种资料，见表 5-16-1。

表 5-16-1 不同世代玉米穗长的试验结果

世代	穗长/cm																n	$\bar{x}$	V
	6	7	8	9	10	11	12	13	14	15	16	17	18	19	20	21			
P_1							5	5	7	8									
P_2	5	9	6	5															
F_1	10	13	19	26	28					14									
F_2		1	4	8	11	17	20	41	40	25	12	11	9	9	5	3			
B_1				3	8	13	18	14	12	10	6	3	3						
B_2	3	6	10	14	11	9	7	5	5	4									

2. 实验仪器

计算器。

[实验步骤]

1. 基本参数的计算

(1)计算各世代的平均数($\bar{x}$)、方差(V)

$$\bar{x}=\frac{x_1+x_2+x_3+\cdots+x_n}{n}=\frac{\sum x_i}{n}$$

$\bar{x}$ 表示平均数，x_i 表示资料中每一个观察数，也叫变量，n 表示观察值的总个数。还可利用变量的频率计算平均值：

$$\bar{x}=f_1x_1+f_2x_2+f_3x_3+\cdots+f_nx_n=\frac{\sum f_ix_i}{\sum f_i}$$

其中 f_i 为某一观察值出现次数 n_i 占观察总个数(N)的比率，即 $f_i=\frac{n_i}{N}$。

由于 $\sum n_i = N, \sum f_i = 1$

所以 $\overline{x} = \sum f_i x_i$

$$V = \frac{\sum (x - \overline{x})^2}{n-1} = \frac{fx_1 + fx_2 + fx_3 + \cdots + fx_n}{N} = \frac{\sum fx}{N}$$

$$V = \frac{\sum x^2 - \frac{(\sum x)^2}{n}}{n-1}$$

当 $n>30$ 时属于大样本，上式分母可用 n 代替 $n-1$。

(2)计算环境方差(V_E)　F_2 的环境方差一般可根据不同情况采用下列方法估算：

$$V_E = \frac{1}{3}(V_{P_1} + V_{P_2} + V_{F_1})$$

或 $V_E = \frac{1}{2}(V_{P_1} + V_{P_2})$，适用于无 F_1 数据。

或 $V_E = V_{F_1}$，适用与异花授粉作物。

2. 遗传率的估算

(1)广义遗传率

$$h_B^2 = \frac{V_G}{V_P} \times 100\% = \frac{V_{F_2} - V_E}{V_{F_2}} \times 100\% = \frac{V_{F_2} - \frac{1}{3}(V_{P_1} + V_{P_2} + V_{F_1})}{V_{F_2}} \times 100\%$$

如供试材料为异花授粉作物，可用下式估算：

$$h_B^2 = \frac{V_{F_2} - V_{F_1}}{V_{F_2}} = \times 100\%$$

(2)狭义遗传率

$$h_N^2 = \frac{V_D}{V_P} \times 100\% = \frac{2V_{F_2} - (V_{B_1} + V_{B_2})}{V_{F_2}} \times 100\%$$

[作业及思考]

根据本实验测量各世代玉米果穗材料长度的考种资料，分别估算该性状的广义遗传率、狭义遗传率。

实验十七　植物数量性状的 QTL 定位分析

[实验目的]

通过对植物数量性状基因座位（QTL）的分析，了解植物 QTL 定位的基本原理，掌握 QTL 分析的基本步骤和分析软件的使用方法。

[实验原理]

植物的多数重要性状如产量、品质和抗性等均为数量性状，它们受多基因控制，易受环境影响,变异呈现连续性。影响数量性状的遗传变异既有数目众多的微效基因的共同作用,也有效应较大的主基因的作用。数量性状遗传无法用经典的孟德尔遗传理论来解释,传统的数量遗传学只能将控制一种数量性状发育的所有基因作为一个整体,用生物统计的方法加以分析,但无法区别单个基因对数量性状的贡献大小及其与其他基因间的关系,也不能实现基因定位。现代遗传学认为控制数量性状的基因在染色体上的位置称为数量性状基因座位(quantitative trait locus,QTL),是位于染色体上影响数量性状的一些区域,这些区域可能包含一个或多个基因,而控制一个数量性状的QTL也可能是一个或多个。20世纪80年代,DNA分子标记技术的发现与应用为QTL研究提供了新的手段。QTL作图的基本原理,是利用特定遗传分离群体中的遗传标记及相应的数量性状观察值,分析遗传标记和性状之间的连锁关系。如果分析结果证明某个遗传标记与性状连锁,则可认定在该标记附近存在一个或几个QTL。分析一个性状与已知连锁图的一系列标记之间的连锁关系,即可确定存在多少个QTL,及这些QTL在标记图谱上的位置。QTL作图中的连锁分析与质量性状的不同,不能直接计算遗传标记和QTL之间的重组率,而是采用统计上的方法计算它们之间连锁的可能性,根据这种可能性是否达到某个阈值,来判断遗传标记和QTL是否连锁,并进而确定其位置和效应。

进行性状的QTL定位需要满足下面4个条件:①目标性状在双亲之间的差异较大。②有可用于QTL定位的资源群体。③有高密度的分子标记(如RFLP、SSR等)连锁图谱。④适宜的统计分析方法和软件。

QTL定位的步骤包括:

1. 构建作图群体

QTL定位中所使用的作图群体可以是临时性群体,如F_2及其衍生的F_3、F_4家系、回交群体等;还可以利用永久性分离群体,主要包括重组近交系(RIL)、双单倍体群体(DH)、回交近交系(BIL)以及近等基因系(NIL)、染色体片段代换系(CSSL)等。永久性群体共同的特点是系内基因型是一致的,而系间基因型是不同的,因此,它们可以重复进行实验以增加QTL检测的准确性。

2. 确定和筛选遗传标记

现在遗传标记广泛采用DNA分子标记,如限制性长度多态性(RFLP)、扩增片段长度多态性(AFLP)、随机扩增片段长度多态性DNA(RAPD)、可变数目串联重复(VNTR)、简单序列重复(SSR)、单核苷酸多态性(SNP)等。目前多采用SSR和SNP等标记。选择均匀分布于基因组的分子标记,用作图群体双亲的DNA检测标记在双亲间的多态性,选择具有多态性的标记用于构建分子标记遗传图谱(确保标记在基因组上分布的均匀性和密度)。

3. 构建并制作标记遗传图谱

从作图群体系(单株)提取总DNA,用已选择的作图标记对群体各系(单株)DNA进行检测。分子标记最后显示的都是电泳分离的带谱,所以个体的标记基因型需要将每个标记的带纹与亲本比较并赋值来记录。例如,在共显性情况下,两纯合亲本各显示自己的一条带,杂合体同时显示双亲的两条带,作图群体中应含有P_1、P_2和杂合型三种带型,这三种带型即代表某一分子标记的三种基因型。如果将含有P_1带型的个体赋值为1,P_2带型赋值为3,杂合体赋值为2,即可得到数据化的分子标记基因型值。利用作图软件就可以制作分子标记的连锁图谱。

4. 数量性状值测定

对作图群体中的样本进行目标数量性状的测量,并按样本顺序排列备用。

5. 统计分析

利用QTL定位分析软件对目标性状值和分子标记遗传图谱进行QTL作图分析，既通过软件的计算判断数量性状与分子标记间是否存在连锁，确定QTL在标记图谱上的数目、位置，并估算QTL的效应。QTL作图的方法主要有零区间作图法（单一标记分析法）、单区间作图法（双标记QTL定位法）、复合区间作图法（多标记QTL定位法）、混合线性模型等，目前应用较多的是复合区间作图法。

例如水稻（*Oryza sativa*），一般采用重组近交系（RIL）群体或双单倍体（DH）群体进行QTL定位分析。这样的群体容易保存，便于连续使用。定位群体一般利用遗传差异较大的2个亲本构建，包含株（系）数不宜过少和过多，株（系）数在100～200便于实验操作。

[实验用品]

1. 实验材料

亲本籽粒性状差异显著的水稻重组近交系（RIL）或双单倍体（DH）群体。

2. 实验仪器

电子天平、直尺、计算机。

3. 实验药品

软件：QTL Mapper（http://ibi.zju.edu.cn/software/）或QTL IciMapping（http://www.isbreeding.net）。

[实验步骤]

一、取材

不同小组将RIL群体或DH群体的株（系）同期播种后进行常规田间管理，成熟时按株（系）（包括两个亲本）分别收获种子并晒干备用。每个小组收获150～200株（系）。

二、性状测定

1. 粒长与粒宽

每个株（系）随机取10粒谷粒，将10粒谷粒首尾相连和并排排列，用直尺测量10粒谷粒的长度、最宽处宽度。记录数据，每个株（系）重复测量1次，并计算每一株（系）的平均粒长（GL）、平均粒宽（GW）。

2. 粒重

在每一株（系）中随机取500粒谷粒，在电子天平上称重，重复一次，求其平均值（GB）。

三、DNA分子标记连锁图谱

利用该群体和分子标记构建分子标记连锁图谱。要求该图谱的分子标记覆盖水稻全基因组12条染色体，标记分布均匀，标记间平均距离＜10 cm（图5-17-1）。图谱建成后可以连续利用。

四、统计分析

取以上实验所测量的各株（系）粒长、粒宽、粒重的平均值进行数据分析，考察群体性状值

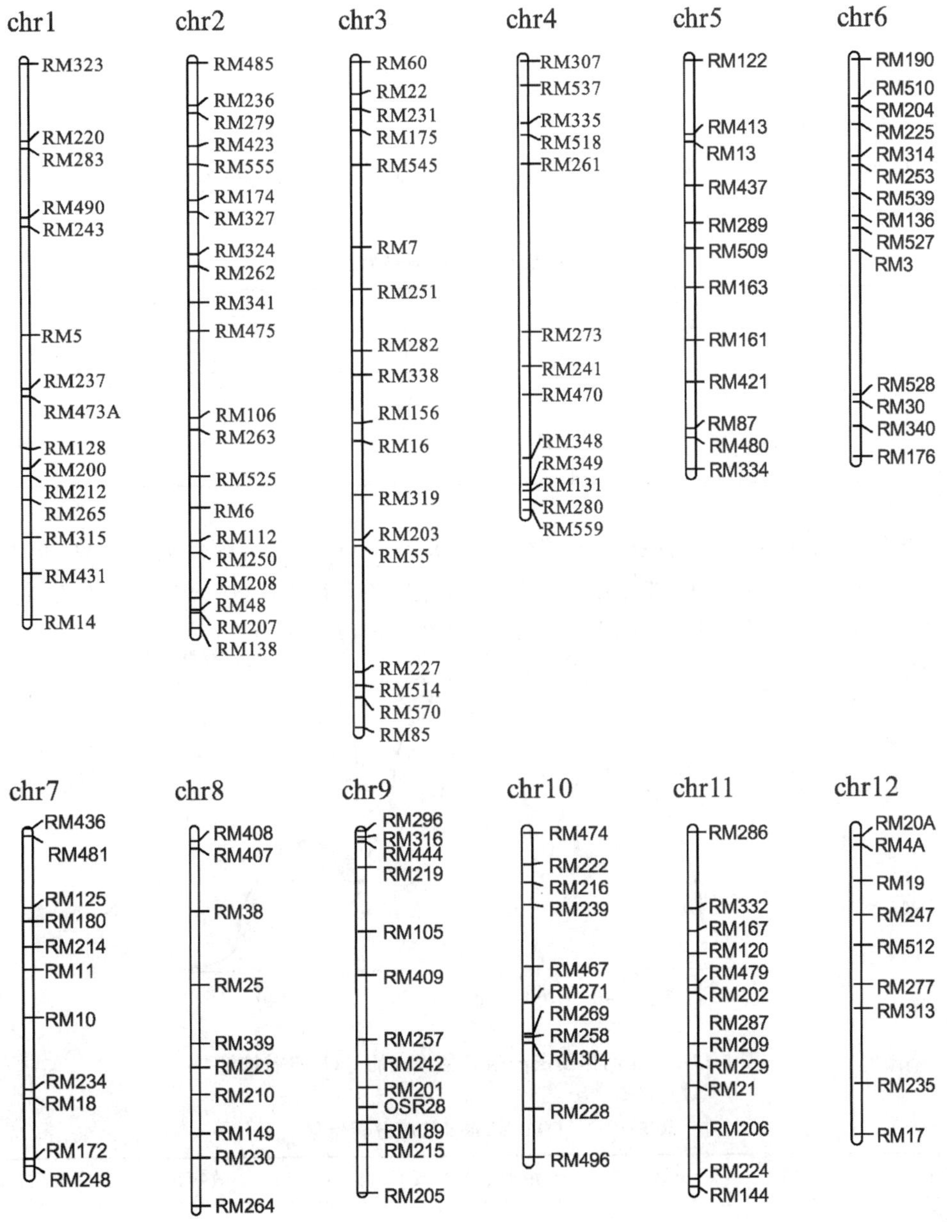

图 5-17-1 水稻群体连锁遗传图谱

的分布。再将性状值数据导入 QTL Mapper 或 QTL IciMapping 软件进行 QTL 分析，以 LOD 值 2.5 为阈值判定 QTL 的存在，若标记区间 LOD >2.5，则认为该区间值最高处对应的位点为该性状的 1 个 QTL。同时，计算各 QTL 的加性效应值和对性状的贡献率（H^2，以下简称贡献率）。

五、结果分析

1. 性状值分布分析

对亲本和群体株(系)粒长、粒宽、粒重的平均值进行初步分析(表 5-17-1),确定亲本间性状差异程度和株(系)数据是否为连续正态分布,确认粒长、粒宽、粒重表现出数量性状的遗传特点,符合 QTL 区间作图分析。

表 5-17-1　双亲及作图群体性状值分布

性状	亲本			DH 群体			
	亲本 1	亲本 2	t-测验	平均数	最大值	最小值	标准差
粒重							
粒宽							
粒长							

2. 运算分析

将各株(系)粒重、粒长、宽性状数据按格式要求导入 QTL 分析软件进行运算,根据输出结果确定作用显著的 QTL 的位置、贡献率等有关信息(图 5-17-2)。每一性状一般在不同染色体上有多个 QTL,将每个性状的 QTL 信息分别录入表 5-17-2 中。

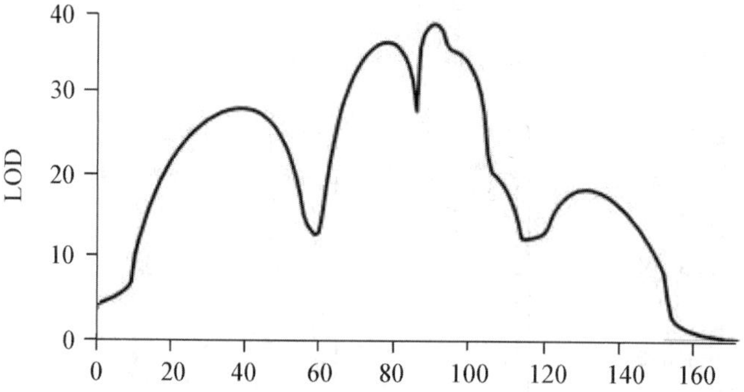

图 5-17-2　区间作图法一条染色体上的 QTL 扫描结果

表 5-17-2　QTL 定位和效应分析结果

QTL	染色体	标记区间	遗传距离(cM)	LOD 值或 P 值	效应值	贡献率(H^2)%
qGW^*						
qGW^*						
qGW^*						
⋮	⋮	⋮	⋮	⋮	⋮	⋮
合计	—	—	—	—	—	
qGL^*						
qGL^*						
qGL^*						
⋮	⋮	⋮	⋮	⋮	⋮	⋮
合计	—	—	—	—	—	

续表 5-17-2

qGB^{*}						
qGB^{*}						
qGB^{*}						
⋮	⋮	⋮	⋮	⋮	⋮	⋮
合计	—	—	—	—	—	

注：* 代表所定位的染色体编号，若同一染色体上有两个或两个以上 QTL，可加上 a、b、c。

[注意事项]

1. 株(系)和标记数量要适当多些，提高定位精度。
2. 取样时株(系)编号不要混淆。
3. 数据导入格式必须符合要求，不然会出现运算错误。

[作业及思考]

1. 总结分析结果，将相关信息填入表 5-17-1、表 5-17-2。
2. 讨论质量性状与数量性状遗传特性的异同和研究方法的差异。
3. 分析不同小组定位结果存在差异的原因。

实验十八　人类指纹的遗传学分析

[实验目的]

掌握皮肤纹理的分析方法，了解皮肤纹理异常与遗传病的关系。

[实验原理]

皮肤纹理，简称皮纹，是指机体某些部位皮肤(如手掌、手指、脚趾、脚掌等)呈现的纹理。人类皮纹形成于胚胎发育的第 19 周左右，由于皮肤的真皮乳头向表皮突出形成许多整齐的乳头线，在皮肤表面呈现出一条条凸起的条纹，称为嵴纹；在各嵴纹之间形成的凹陷称为沟纹，嵴纹和沟纹交替排列就构成了皮纹。此外，在手指和手掌的屈面、各关节活动处还有明显的褶纹，严格意义上讲，它们并不属于皮肤纹理。

人体的皮纹属于多基因遗传，即是在遗传因素和环境因素的相互作用下形成的，出生前就已定型，终身不变，具有个体的特异性。研究发现，皮纹的异常与某些遗传性疾病，尤其是染色体病有较高的相关性。因此，皮纹可用于某些遗传病的辅助诊断。

人类的指纹主要有三种类型(图 5-18-1)：

(1)弓形纹　由几条平行的弧形嵴纹组成。纹线由指的一侧延伸到另一侧，中间隆起成弓形。弓形纹又可分为两种：一种中央隆起很高形成帐篷状，称帐形弓；另一种是中间隆起较平缓的则称弧形弓。

(2)箕形纹　几条嵴纹从手指一侧发出后向指尖方向弯曲，再折回发出的一侧，形成一组簸箕状的纹线。箕口的开口方向有两种：一种朝着本手尺骨一侧(即小指方向)，这种箕形纹称为尺箕或正箕；而开口朝着桡骨一侧(即拇指方向)的称为桡箕或反箕。

(3)斗形纹　又称螺纹或涡形纹，由几条环形或螺线形的嵴纹绕着一个中心点组成。根据构成斗形纹的嵴纹的形态，又可将斗形纹分成环形斗、螺形斗、绞形斗(双箕斗)等。环形斗由几条呈同心圆状的嵴纹组成；螺形斗则由螺线形嵴纹组成。由 2 个箕形纹的箕头相互绞合组成的斗称为绞形斗。

除了这 3 种基本类型的指纹外，还有其他类型。它们有的由这三种指纹混合而成(如箕、斗混合，箕、箕并列等)，有的形状奇特，无法归类。在总指嵴数的读数中，无法归类的不做计数。

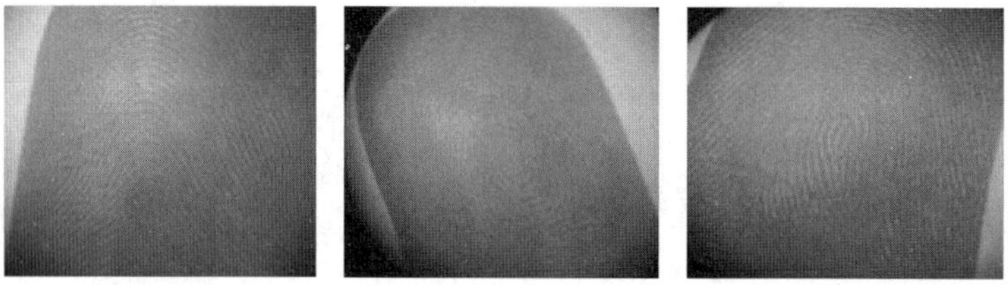

1. 弓形纹　　2. 箕形纹　　3. 斗形纹

图 5-18-1　人类三种类型指纹

总指嵴数统计：皮纹中凡有 3 组不同走向的嵴纹汇集的区域称为三叉点。用铅笔从指纹中心点到距中心最远的 1 个三叉点之间划一条连线，连线所经过的纹嵴数目(连线起止点处的嵴线数不计算在内)称纹嵴数。弓形纹无三叉点，嵴纹数为 0；箕形纹一侧有三叉点，有一个嵴纹数；斗形纹两侧均有三叉点，故有 2 个嵴纹数，但只计嵴纹数大者。双箕斗的嵴纹数具有特殊性：有 2 个纹心，自每一纹心向对侧三叉点连线，可得 2 个嵴纹数，两纹心连线可行第 3 个嵴纹数，三者相加除以 2，即得该双箕斗的嵴纹数。将左右手 10 个手指的嵴纹数相加即得总指嵴纹数(total ridge count，TRC)(图 5-18-2)。

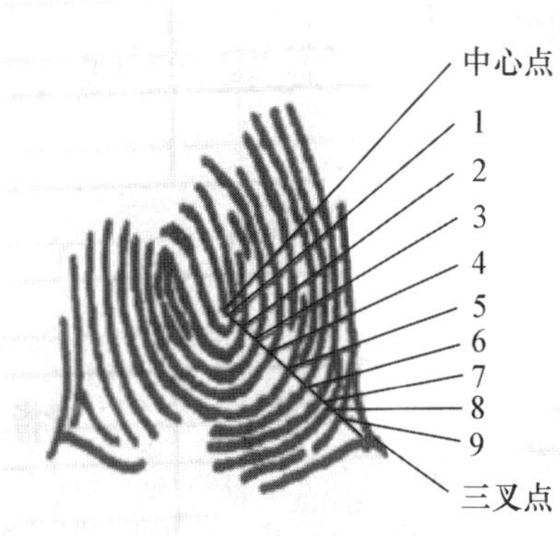

图 5-18-2　嵴纹计数

不同的种族间及不同性别间总指嵴数存在差异。欧洲人平均男性约 145，女性约 127。有研究表明，中国人的总指嵴数比欧美人高，男约 162.7，女约 153.1。另外，指纹类型的分布也存在着民族、种族的差异。统计表明，中国人弓、箕、斗三种纹出现的比例分别是 2.5%、47.5%、50%。

[实验用品]

2B 以上的软铅笔，白纸，透明胶带(不宜太窄，与第一指节等宽)，放大镜，直尺(10 cm 左右)。

[实验步骤]

(1)洗净双手,擦干。用铅笔在白纸片上涂黑 3～4 cm 见方的一小块。将要取指印的手指在涂黑的区域涂抹,将整个指尖涂黑。揭一条宽度与手指第一指节长度相当的透明胶带,从指尖的一侧裹至另一侧,轻压,再揭下来,上面即附着指纹。

将这条透明胶带贴在表 5-18-1“我的指纹”一栏相应的位置上。

(2)重复第 1 个步骤,直至获得 10 个手指的指纹。

(3)用放大镜仔细观察,分析自己的指纹类型。算出总指嵴数,并统计分析同班同学的指嵴数的情况。

[注意事项]

在总指嵴数的读数中,无法归类的不做计数。

[作业及思考]

填写表 5-18-1 和表 5-18-2。

表 5-18-1　自己的指纹图形及纹嵴数

左手					
	拇指	食指	中指	环指	小指
我的指纹					
指纹类型					
纹嵴数					
左手纹嵴数小计：					
右手					
	拇指	食指	中指	环指	小指
我的指纹					
指纹类型					
纹嵴数					
右手纹嵴数小计：					

表 5-18-2　班级同学的指纹及总嵴数

序号	姓名	性别	指纹类型所在指头			TRC
			弓形纹	箕形纹	斗形纹	
1						
2						
3						
4						
5						
6						
7						
8						
9						
10						
11						
12						
13						
14						
15						
16						
17						
18						
19						
20						
21						
22						
23						
24						
25						
26						
27						
28						
29						
30						
31						
32						
33						

续表 5-18-2

序号	姓名	性别	指纹类型所在指头			TRC
			弓形纹	箕形纹	斗形纹	
34						
35						
总计						
占总纹数的百分率/%						
平均						
女性 TRC 平均						
男性 TRC 平均						

结果：弓形纹数________，箕形纹数________，斗形纹数________，混合形纹数________。比较表 5-18-1 和表 5-18-2，个人的总指嵴数较全班的平均值__________（高/低），较班级相同性别同学的平均总指嵴数____________（高/低）。

第6章

近亲繁殖与杂种优势

实验十九　植物杂种优势测定与 F_2 衰退现象的观察

[实验目的]

理解植物的杂种优势及其自交衰退现象和作用机理，掌握杂种优势的度量方法。

[实验原理]

杂种优势是生物界的普遍现象，它是指杂种一代在一种或多种性状上表现优于两个亲本的现象。杂种优势可以表现在 F_1 的生长势、生活力、繁殖力、抗逆性、产量、品质等多个方面。按照性状表现的性质，大致可以分成 3 种类型：一是杂种营养体发育较旺的营养型；二是杂种生殖器官发育较盛的生殖型；三是对外界不良环境适应能力较强的适应型。这 3 种类型的划分是相对的，只是按照优势明显的性状作为类型的标志，实际上它们的表现总是综合的。

杂种优势的作用机理大致可归纳为显性假说和超显性假说。显性假说认为多数显性基因有利于个体的生长和发育，相对的隐性基因不利于生长和发育。杂合个体进行自交或近交就会增加子代纯合体出现的机会，暴露出隐性基因所代表的有害性状，因而造成自交衰退。超显性假说认为基因型不同的配子结合比相同基因型配子结合更有利于杂种生长发育。杂种优势增长的程度与等位基因间的杂合程度有密切关系。

衰退现象是指近亲繁殖引起后代生活力下降的生物学现象。具有杂种优势的 F_1 代一般都表现近交衰退现象，即 F_2 衰退现象。根据遗传的基本规律，由于杂合体的基因分离和重组，F_2 群体必将出现基因型和表现型的分离与重组，出现各种纯合基因型，根据以上两种假说，F_2 与 F_1 相比较，在生长势、生活力、繁殖力、抗逆性等方面都会表现下降。并且两个亲本的纯和程度愈高，性状差异愈大，F_1 表现的杂种优势愈强（图 6-19-1），F_2 的衰退现象也愈加明显（图 6-19-2）。

杂种优势涉及的性状大都为数量性状，优势表现程度通常以平均优势（heterosis over mean of parents），即 F_1 超过双亲平均值的百分数，或超亲优势（heterosis over better of parents），即以 F_1 超过双亲中较优亲本的百分数来表示。

对杂种优势的度量有以下 5 项指标：

1. 超中优势

中亲优势＝$[F_1-(P_1+P_2)/2]/[(P_1+P_2)/2]\times 100\%$

图 6-19-1 玉米果穗 F_1 的杂种优势

图 6-19-2 玉米果穗 F_2 杂种优势的衰退现象

2. 超亲优势

超亲优势 $= (F_1 - HP) / HP \times 100\%$ （HP:高值亲本性状值）

负向超亲优势 $= (F_1 - LP) / LP \times 100\%$ （LP:低值亲本性状值）

3. 超标优势

超标优势 $= (F_1 - CK) / CK \times 100\%$

4. 杂种优势指数

杂种优势指数 $= F_1 / [(P_1 + P_2)/2] \times 100\%$

5. F_2 优势降低率

F_2 优势降低率 $= (F_2 - F_1)/F_1 \times 100\%$

[实验用品]

1. 实验材料

6 个玉米自交系及其组配的 3 个玉米杂交种 F_1 和 F_2、生产上推广种植的良种(CK)。

2. 实验仪器

直尺、天平、铅笔、记录本、钢卷尺、米尺、卡尺等。

[实验步骤]

一、田间植株性状测定

3～5 个人一组，对 3 个玉米杂交组合的 P_1、P_2、F_1 及 CK，每个世代材料分别随机取 5～10 株，F_2 随机取 10～20 株，在田间测定每株的株高、茎粗、叶片数、棒三叶面积（或果穗的有关性状）等，求其平均数，然后进行杂种优势的计算。

株高：乳熟期选有代表性的植株，从地面量至雄穗顶端的高度。

茎粗：与测株高同时进行，量其地面第三节间中部直径，以 mm 表示。

叶片数：从苗期开始，在第 5、10、15 叶片上做标记，抽雄后计数叶片总数。

棒三叶面积：分别量取棒三叶的最大长度与最大宽度，叶面积＝长×宽×0.75，计算出每叶的叶面积后求和。

二、室内穗部性状测定

每个人一组，对三个玉米杂交组合的 P_1、P_2、F_1 及 CK，每个材料分别随机收获 5～10 穗，F_2 随机取 10～20 穗，在室内测定穗长、秃尖长、穗粗、穗行数、行粒数、千粒重（图 2-19-3），求其平均数，然后进行杂种优势的计算。

图 2-19-3　玉米果穗

穗长：收获后选有代表性果穗，测量穗长（包括秃尖）(cm)，求其平均数。

秃尖长：用测量穗长的果穗，量其秃尖长度(cm)，求其平均数。

穗粗：用测量穗长的果穗，量其中部直径(cm)，求其平均数。

穗行数：用测量穗长的果穗，计数果穗中部籽粒行数，求其平均值。

行粒数：用测量穗长的果穗，每穗取一行中等长度的籽粒数，求其平均值。

千粒重：取干燥种子 2 份，每份 500 粒，称重后相加即为千粒重(g)，若 2 份种子重量相差 4～5 g 以上，须称第三份，以相近的两个数相加得千粒重。

三、数据汇总分析

对全班试验数据进行整理，并发放给每个同学，每个同学利用全班数据计算各性状的平均值及杂种优势，把全班数据各性状值作为标准值，利用假设测验分析自己的数据与全班数据的差异，分析差异产生的原因。

[作业及思考]

1. 分别求出每个组合每个性状的五项杂种优势指标，并分析各指标的实际意义。
2. 以某个性状为例，分析不同组合的优势水平差异及原因。

3.以其中的一个杂交组合为例,分析不同性状的优势大小。

4.探讨用不同亲本组配的各个杂交种之间优势是否相同,同一杂交种的各个性状间优势是否相同。

5.你认为玉米的杂种第二代能不能继续在生产中利用?

第7章

群体遗传

实验二十 Hardy-Weinberg 遗传平衡定律的验证

[实验目的]

通过调查和实验进一步理解 Hardy-Weinberg 定律的原理；人类是随机交配的群体，其性状的表现反映出群体的遗传组成，从群体性状的遗传分析，我们可以了解不同种族(民族)或不同群体的基因频率和基因型频率。以期了解控制不同性状的基因的分布情况。本实验主要调查周围人群中 ABO 血型系统的基因频率和基因型频率的情况；并以果蝇为模式生物，人工模拟选择对基因频率和基因型频率改变的影响。

[实验原理]

Hardy-Weinberg 定律是群体遗传学中的基本定律，又称遗传平衡定律，该定律于 1908 年由英国数学家 G. H. Hardy 和德国医生 W. Weinberg 共同建立的。它的基本含义是指在一个大的随机交配的群体中，在无突变、无任何形式的选择、无迁入迁出、无遗传漂变的情况下，群体中的基因频率和基因型频率可以世代相传不发生变化，并且基因型频率是由基因频率决定的。它的推导过程包括三个主要步骤：①从亲本到其产生的配子；②从配子的结合到产生合子的基因型；③从合子的基因型到子代的基因频率。$p^2+2pq+q^2=1$ 是在一对等位基因的情况下的遗传平衡公式。它表示在一个大的随机交配的群体中，一对等位基因所决定的性状，在没有迁移、突变、选择和漂变的情况下，整个群体的基因和基因型频率的总和都等于 1，符合这一条件的群体称作平衡群体。

人类的遗传性状可以区分为两大类：单对基因遗传，是指某一性状的表现，是由一对基因所决定。多对基因遗传，指某一性状的表现，是由二对或二对以上的基因所决定。

人类的 ABO 血型是单对基因遗传的，但控制血型是由 I^A、I^B、i 三个复等位基因控制的。

人类的身高、体重或皮肤色泽的深浅，则是由多对基因遗传。如皮肤的色泽是由两对基因(A、a 和 B、b)所控制，显性基因 A 和 B 会使皮肤内黑色素的量增加，二者的影响相同且可以累加，因此其显性基因越多的人，肤色越深。

在自然界，无论是动物还是植物，一种性别的任何一个个体都有同样的机会与相反性别的任何一个个体交配。假设某一位点有一对等位基因 A 和 a，A 基因在群体出现的频率为 p，a 基因在群体出现的频率为 q；基因型 AA 在群体中出现的频率为 D，基因型 Aa 在群体中出现

的频率为 H，基因型 aa 在群体中出现的频率为 R。群体(D、H、R)交配完全是随机的，那么，这一群体基因频率和基因型频率的关系是：

$$D=p^2 \qquad H=2pq \qquad R=q^2$$

这说明任何一物种的所有个体，只要能随机交配，基因频率很难发生变化，物种能保持相对稳定性。根据遗传平衡定律，可以对人类群体的某些性状进行基因频率的调查和分析。

[实验用品]

1. 实验材料

以班级的每一位同学的 8 种性状作为研究的素材。

普通果蝇(*Drosophila melanogaster*)及残翅突变型果蝇等。

2. 实验仪器

笔和纸、双筒解剖镜、麻醉瓶、毛笔、白纸板。

3. 实验药品

乙醚、玉米粉、酵母粉、琼脂等。

[实验步骤]

1. 周围人群中 ABO 血型系统的基因频率和基因型频率的调查

对周围人群 ABO 血型的不同表现型进行统计，进而估算出基因频率。

设 $p=\mathrm{I^A}$ 的频率，$q=\mathrm{I^B}$ 的频率，$r=\mathrm{i}$ 的频率

当群体处在平衡状态时

则 $p+q+r=1$

$p^2+q^2+r^2+2pq+2pr+2qr=1$

又设 A,B,AB,O 为各血型的表现型频率，则：

$A=p^2+2pr \qquad O=r^2 \qquad r=\sqrt{O}$

$B=q^2+2qr \qquad q=1-\sqrt{A+O}$

$AB=2pq \qquad p=1-\sqrt{B+O}$

根据遗传平衡公式计算出各基因频率，并检验此群体是否处于平衡状态。

2. 对人群中的其他单因子决定的性状进行调查

按照表 7-20-1 中的性状及其显隐性间进行调查。

表 7-20-1　人群中单因子决定的性状

性状	耳垂	卷舌状	拇指竖起时弯曲情形	食指长短	双手手指嵌合	上眼睑有无皱褶	酒窝
显性	与脸颊分离	能	挺直	较无名指长	左手拇指在上	有(双眼皮)	有
隐性	紧贴脸颊	不能	拇指第一节向指背弯曲	较无名指短	右手拇指在上	无(单眼皮)	无

3. 人工模拟选择对果蝇正常翅、残翅等位基因的基因频率的影响

(1)选用两个纯合的果蝇群体，即正常翅和残翅类型。分别从 2 个群体中选取雌处女蝇和雄蝇各 20 只，共同放入一个大的培养瓶内，放入 25℃培养箱内培养。记录亲本正常翅和残翅的只数。并计算此时群体中正常翅和残翅基因的频率。

(2)当发现培养瓶内有幼虫或蛹出现时及时将亲本处死,以防发生回交。当有 F_1 个体出现后,观察其表型,记录 F_1 正常翅和残翅的只数。

(3)将 F_1 群体中出现的残翅个体全部处死。在一个新的培养瓶中分别放入 20 只正常翅雌蝇和雄蝇继续培养。即 $F_1 \times F_1$,此时不需要选处女蝇。培养至有 F_2 代产生。记录 F_2 正常翅和残翅的只数。

(4)将 F_2 群体中出现的残翅个体全部处死,在一个新的培养瓶中分别放入 20 只正常翅雌蝇和雄蝇继续培养,配成 $F_2 \times F_2$。记录 F_3 中正常翅和残翅的只数。

(5)进行与(4)同样的实验步骤,直至记录到 F_4 和 F_5。

4. 计算基因频率和基因型频率(表 7-20-2)。

表 7-20-2 基因频率和基因型频率

世代	基因型频率		基因频率	
	正常翅	残翅	正常翅(p)	残翅(q)
P				
F_1				
F_2				
F_3				
F_4				
F_5				

[注意事项]

果蝇杂交时,亲本一定要选择处女蝇。

[作业及思考]

1. 以小组为单位观察人类的 8 个单对基因控制性状的表现,并做记录。
2. 统计全班(年段)的资料,进行基因频率和基因型频率的计算。

实验二十一 人群中 PTC 味觉基因频率的分析

[实验目的]

通过对遗传性状的分析及群体基因频率的计算,认识孟德尔定律的普遍意义,掌握群体基因频率的计算方法。

[实验原理]

根据对人类遗传的研究,已知人体的许多性状是按照孟德尔规律遗传的。如人对 PTC 的尝味能力是由一对等位基因(T、t)决定的,T 对 t 为不完全显性。

苯硫脲含有 N—C═S 硫酰胺基,具苦味,基因型为 TT 的人,尝出苦味的能力很强,能尝出 1/750 000～1/ 6 000 000 的 PTC 苦味;具有基因型 Tt 的人,尝味能力较差,只能尝出

1/48 000～1/380 000 PTC溶液的苦味；而基因型为tt的人只能尝出＞1/24 000 PTC溶液的苦味，甚至对PTC的结晶物也尝不出苦味来，这称为PTC味盲。

在一个群体中，各种基因型的个体占一定的比例。群体中某特定基因型个体数目，占个体总数目的比率称基因型频率。在一个二倍体的某特定基因座位上某一个等位基因占该座位上等位基因总数的比率称该等位基因的频率。

显性基因频率 $p = 1/2$ 显性纯合体频率＋杂合体频率

隐性基因频率 $q = 1 - p$

[实验用品]

1. 实验仪器

滴管，纸杯，牙签等。

2. 实验药品

各种浓度的PTC（苯硫脲），溶液，蒸馏水。

[实验步骤]

一、PTC溶液的配制

原液：取PTC结晶0.266 g，加蒸馏水200 mL，时时摇晃，在室温（20℃左右）1～2 d即可完全溶解。

其他各种浓度稀释如下：

溶液号	稀释方法	稀释倍数	约含PTC浓度	基因型
1	原液	1	1/750	
2	原液50 mL＋水150 mL	4	1/3 000	
3	2号液50 mL＋水150 mL	16	1/12 000	tt
4	3号液50 mL＋水150 mL	64	1/48 000	
5	4号液50 mL＋水150 mL	256	1/190 000	Tt
6	5号液50 mL＋水150 mL	1 024	1/750 000	
7	6号液50 mL＋水150 mL	4 096	1/3 000 000	TT

将配好的7种PTC溶液分别置于若干个消毒好的滴瓶中。

二、测试

（1）受试者坐于椅上，仰头张嘴，实验者用滴管先吸取第7号PTC溶液，滴5～10滴于受试者舌根部，令受试者徐徐咽下品味。

（2）询问受试者能否鉴别此种溶液的味道，如不能鉴别或不准确，再用稍浓的6号液重复尝试……直到能准确说出PTC苦味为止。

（3）当受试者能鉴别某号溶液时，应用此号溶液重复尝味3次，3次结果相同才可靠。

（4）记录测试结果。

[注意事项]

1. 液体一定滴于受试者的舌根部。

2. 测试过程中应将 PTC 溶液与蒸馏水反复交替给受试者,以免由于受试者的猜想及其心理作用而影响结果的准确性。

[作业及思考]

填写表 7-21-1。

表 7-21-1 实验结果

基因型	能尝出苦味的浓度	人数
tt	>1/24 000	
Tt	1/48 000～1/380 000	
TT	1/750 000～1/6 000 000	

(1)计算 TT、Tt、tt 基因型频率。

(2)计算 T、t 基因频率。

第8章 染色体畸变

实验二十二　辐射诱发植物染色体变异的观察与鉴定

[实验目的]

通过对植物进行辐射处理，初步了解物理因素对植物遗传物质的诱变作用，掌握植物染色体变异的细胞学鉴定方法。

[实验原理]

物理射线（如 γ 射线、X 射线、β 粒子、中子、质子、紫外线和激光等）照射植物的种子、花粉、子房、合子、营养器官等，会使其遗传物质发生变异，再经过筛选优良的变异就可以培育出优良品种。出于对射线来源、设备条件和安全等因素的考虑，目前辐射诱变常用强 γ 射线进行照射，以 ^{60}Co 辐射源最为常用。物理射线具有非常短的波长以及相应的较大频率，其穿透力强，在空气中 γ 射线，射程可达几百米，速度为 3×10^5 km/s。因此，对植物给予一定剂量的照射可以造成碱基损伤、DNA 链的断裂和交联，很容易引起基因突变和染色体畸变，常见的有染色体黏着、着丝点区域断裂、纺锤丝形成被破坏、染色体或染色单体的断裂等。

在实际工作中，选择合适的剂量是很重要的。一般要求尽量减少对植物的生理损伤，提高遗传方面的效应，以有效地选择优良的变异类型和个体。

[实验用品]

1. 实验材料

洋葱、剪子、镊子、刀片、载玻片、盖玻片、滤纸、量筒、培养皿、烧杯、滴瓶、酒精灯、切片盒、标签等。

2. 实验仪器

钴源辐射装置、显微镜、恒温箱、冰箱、水浴锅、分析天平、多媒体系统（附显微演示）。

3. 实验药品

无水乙醇、95%乙醇、冰醋酸、蒸馏水、卡宝品红、1 mol/L 盐酸、2%醋酸洋红染色液。

[实验步骤]

一、辐射诱变

(1)教师介绍钴源设施并演示钴源辐射操作系统。

(2)将洋葱分别用1 000 R/min、3 000 R/min、5 000 R/min处理。

二、样品预处理

(1)将辐射诱变后的洋葱置于盛清水的小烧杯口上,使根部与水接触,或将洋葱半埋于湿沙内。在20～25℃光照条件下培养2～3 d,待根长1～2 cm时,选健壮根自尖端约1 cm处剪下。

(2)将剪下的根尖浸泡在蒸馏水中,置于1～4℃冰箱内或盛有冰块的保温瓶中冰冻24 h。这种方法对染色体无破坏作用,染色体缩短均匀,效果良好,简便易行,各种作物都适用。

三、根尖制片

(1)固定或前低渗:目的是迅速杀死细胞,使核蛋白变性,以保持染色体的固有形态和结构。具体步骤是将预处理后的根尖浸入蒸馏水中冲洗两次,然后转移到卡诺氏固定液(无水乙醇:冰醋酸=3:1,V/V)中,在4～15℃条件下固定20～24 h,即可进行观察。如果需要长期保存,可先用乙醇脱水后转入70%酒精中保存。

(2)解离:目的是使细胞易于分散,使细胞壁适度软化而易于压片。将根尖用蒸馏水冲洗2次,然后放入已经在60℃水浴锅中预热的1 mol/L盐酸中。在60℃恒温条件下处理10～15 min,当根尖透明呈米黄色时取出。

(3)后低渗:具体是将根尖放在蒸馏水中浸泡5 min、冲洗,重复以上过程2～3次,低渗后的根尖放入70%酒精中备用。

(4)染色与压片:取一根尖放在吸水纸上吸去多余的保存液,然后放在一张干净的载玻片中央。用刀片将根尖分生组织切下,将其切成薄片(越薄越好),滴1滴2%醋酸洋红染色液或改良卡宝品红染色液,盖上盖玻片,进行压片。压片时用一手固定盖玻片,另一手用镊尖或解剖针柄轻敲盖玻片,使材料溃散。用火轻烤载玻片背面,然后继续轻敲,待材料呈云雾状即可镜检。加热的目的是使染色体充分染色和软化,并破坏细胞质的染色。如发现有较理想的分裂相,可再轻烤一下片子,然后在盖玻片上盖一张吸水纸,用大拇指用力压片(不可使盖玻片移动),然后镜检。

四、细胞学观察

(1)压好的片子先在低倍镜下镜检,找到分裂细胞后转换高倍镜观察。

(2)观察畸变的染色体,主要从以下方面进行统计:

间期:小核、核形状异常、单微核、双微核、多微核、多核、无丝分裂。

前期:核形状异常、单微核。

中期:染色体粘连、染色体断片、染色体落后。

后期:染色体片段、染色体桥、染色体落后、染色体桥及断片、染色体桥及落后、染色体落后及片段、染色体落后及环状染色体。

末期:单微核、双微核、染色体落后、核形状异常、桥及断片、桥及染色体落后。

[注意事项]

辐射诱变实验的放射源被封闭在一定的容器中，实验人员并不直接接触放射源而是利用放射源发出的 γ 射线进行工作，所以实验室的设计主要着眼于外照射的防护上。要严格实验技术操作规程，保证实验人员和工作人员健康和安全。

[作业及思考]

1. 不同剂量射线处理的材料其染色体畸变率的变化规律如何？为什么？
2. 制作两张具有不同染色体畸变类型的玻片。
3. 绘出在显微镜下观察到的各类染色体畸变类型的图像。

实验二十三　植物多倍体的诱发与鉴定

[实验目的]

1. 了解人工诱发植物多倍体的原理，初步掌握秋水仙碱诱发多倍体的方法。
2. 观察多倍体植株（器官）的形态特征和细胞学特点，掌握多倍体的鉴定方法。

[实验原理]

多倍体是指含有3个或3个以上染色体组的生物，广泛存在于自然界。人类栽培的经济作物中有许多就是多倍体。多倍体可自然发生，也可以人工诱发。体细胞染色体数加倍是目前人工创造多倍体的主要途径。

人工使体细胞染色体数加倍的方法可归纳为三类，即生物学方法、物理学方法和化学方法，其中以化学方法最为有效。在各种化学方法中，以秋水仙碱处理的效果最好。

秋水仙碱是从秋水仙植物的鳞茎和种子中提炼出来的一种生物碱，分子式为 $C_{22}H_{25}O_6N$，它的作用是阻止纺锤丝的形成和活动，但不妨碍染色体的复制和分裂。当秋水仙碱水溶液渗入分生组织正在分裂的细胞时，纺锤丝就不能形成或遭到破坏，有丝分裂便停留在中期状态。这时，每个染色体所复制的2个姊妹染色单体虽然彼此分开了，却不能向两极移动，不能形成2个子核而仍然留在一个细胞内，细胞的染色体数目由此而加倍。当这种染色体数目加倍了的分生细胞不再有秋水仙碱渗入，即不再接受秋水仙碱处理时，就会在比原来染色体数多一倍的基础上恢复正常的有丝分裂，最后成长为多倍体的组织、器官或植株。

加倍处理时，要注意药剂浓度、处理时间和被处理材料的适当配合。一般使用的秋水仙碱浓度为0.001%～0.4%，以0.2%应用最广。处理的方法，可以通过浸泡、涂抹和点滴等方式处理分裂旺盛的分生组织。处理的时间，以使多数分生细胞加倍，仅有很少分生细胞未加倍为宜。因为加倍的分生细胞分裂缓慢，未加倍的分裂迅速，倘若未加倍的分生细胞多了，它们会很快地分裂，抢先占有整个分生组织，而加倍的分生细胞由于分裂落后逐渐从分生组织消失。秋水仙碱处理时间短了就会出现这种情况，但处理时间过长，又会造成分生细胞染色体数的加倍再加倍，最后使分生细胞停止生长而死亡。一般情况下，对幼嫩而分裂迅速的组织处理时间可短一些，浓度可稍低；反之，处理时间可长些，浓度可高些。处理的温度，多采用被处理材料的正常生长温度即可。

人工诱发多倍体是否成功，需要进行鉴定。鉴定的方法可采用：①形态特征观察（如气孔、花器、花粉粒、果实和种子等是否明显增大，营养体是否异常发达等）；②观察育性是否正常；③细胞学检查，进行染色体计数，这是最可靠的鉴定方法。

本实验采用浓度为0.2%的秋水仙碱水溶液处理根尖，观察被处理根尖分生区的膨大现象，并对其进行十字压片，检查鉴定染色体是否加倍。

[实验用品]

1. 实验材料

(1)黑麦($2n=14$)种子。

(2)洋葱($2n=16$)鳞茎。

2. 实验仪器与用品

(1)仪器：培养箱、恒温水浴锅、显微镜。

(2)用品：培养皿、广口瓶、小烧杯、称量瓶、载玻片、盖玻片、镊子、解剖针、刀片、胶头玻棒、滤纸、铅笔、橡皮等。

3. 实验药品

0.2%秋水仙碱水溶液，卡诺固定液（乙醇∶冰醋酸＝3∶1），90%、80%和70%乙醇，1 mol/L盐酸，45%醋酸，碱性品红染色液。

[实验步骤]

一、材料制备

1. 黑麦种子根尖加倍材料的制备

(1)浸种：选取均匀饱满有萌发力的黑麦种子，室温（20℃左右）下，用清水浸泡14～18 h，使种子吸水膨胀。每隔3～4 h换一次水。

(2)催芽：将浸泡好的黑麦种子放入铺有滤纸的培养皿中，室温或在培养箱（20～25℃）中保湿培养（种子的上下都要加湿润的滤纸）32 h左右。每隔3～4 h用清水过洗一次。

(3)加倍处理：待根尖长至0.5～1 cm时，加入0.2%秋水仙碱水溶液，以药液浸湿根部分生组织为宜，保持催芽时的温度，继续培养，处理至根尖分生区明显增粗为止（大约26 h）。

(4)固定：用清水将根尖洗净，用卡诺固定液进行固定。固定液的用量一般应为材料体积的4倍以上。室温下固定1～24 h。

(5)保存：将固定材料的固定液倒掉，依次加入90%→80%→70%乙醇，进行置换，每级停留15～20 min，最后保存在70%乙醇中，放置在阴凉处备用，也可放入冰箱（0～4℃）中长期保存。

2. 洋葱根尖加倍材料的制备

将洋葱鳞茎的外层老皮剥去，底部老根去掉（注意不要伤到四周的根芽），之后，置于盛有清水的小烧杯上，底部要与清水接触。每天换水1～2次，以防烂根。室温光照条件下培养2～3 d，待根长至1 cm时，改用0.2%秋水仙碱水溶液继续培养，处理24～48 h后，用清水洗去秋水仙碱溶液，继续以清水恢复培养24 h，至根尖呈现鼓槌状，用卡诺固定液固定。固定和保存的方法同黑麦材料。

二、解离与软化

1. 解离

取适量的保存于70%乙醇中的加倍根尖，放入小称量瓶中，加入1 mol/L盐酸，用量以淹没材料为宜，将其放入60℃的恒温水浴锅中(为了避免称量瓶倾倒，可以取一个50 mL的小烧杯，里面加入适量的60℃水浴锅中的水，将称量瓶坐在里面，再将小烧杯放入水浴锅中)，解离15～20 min后取出，倒净盐酸酸解液，用水浴锅中的热水冲洗3～5次，每次停留3～5 min。水洗的目的是为了把根尖中的酸液彻底置换干净，防止解离过度和影响制片的着色力。

2. 软化

水洗后，将水倒净，加入45%醋酸继续软化，此时即可开始制片。

三、制片与观察

1. 十字压片

取2～3条加倍根尖，用刀片切取根尖前端1～1.5 mm的分生区(膨大部位)，放在干净的载玻片的1/3处，另取一干净的载玻片，呈十字形交叉盖在第一片有根尖分生区的位置上，用大拇指按压上层载玻片(也可将两载玻片拿起，使右手拇指在上、食指在下，用力挤压材料处)，将根尖压成雾状，这就是十字交叉压片法。注意：压片时两载玻片之间不能移动位置。

2. 染色

将两载玻片分开，此时两张载玻片上都有根尖细胞，立即向有材料处各加一小滴碱性品红染色液，随即加上干净的盖玻片进行染色，染色时间为5～10 min。注意：加盖玻片时不要产生气泡。正确的方法是：用镊子夹住盖玻片，让盖玻片的一边靠在离材料不远的载玻片上，接触到染色液，然后将其徐徐放下。

3. 敲片和压片

染色后，用两层滤纸包在盖玻片位置，用胶头玻棒敲击有材料的部位，以达到细胞分散的目的。敲片后，用拇指从盖玻片上方垫着滤纸用力压下去，这样既可以挤出多余的染色液，又可使细胞压在一个水平面上，便于观察。注意：敲片的力度要掌握好，以防敲碎玻片；敲片和压片时，盖玻片和载玻片之间不能相互移动，否则会将根尖细胞捻变形，导致观察不到分裂相。

4. 镜检和绘图

将制好的装片放在显微镜载物台上，将有材料的部位移入光路，先用10倍物镜调焦，看清细胞，找到分裂相后，再转换成高倍物镜做进一步细致的观察，将比较典型的分裂相绘于实验报告本上(图8-23-1)。注意：转换成高倍物镜后，只能用微调旋钮，不能用粗调旋钮，以免压碎装片，划伤损坏镜头；要用铅笔绘图，绘图要真实形象，绘临摹图而不是模式图。

本实验的全部操作流程为：选材→浸种→催芽→加倍处理→固定→保存→解离、软化→取根尖分生区(膨大部位)→十字压片→染色→加盖玻片→敲片、压片→镜检→绘图。

[注意事项]

1. 不同的材料，解离时间会有所不同，应根据材料的解离程度灵活掌握，一般情况下，在规定的时间内宁长勿短。

2. 解离后，水洗一定要彻底，否则可能会造成染色失败。

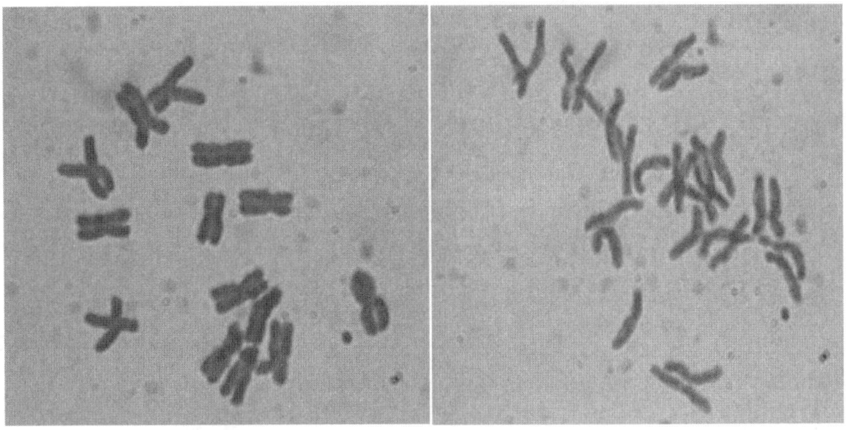

未加倍（$2n=2X=14$）　　加倍（$2n=4X=28$）

图 8-23-1　黑麦根尖未加倍与加倍细胞染色体

［作业及思考］

1. 制作分裂相清晰的片子，将观察到的加倍和未加倍的根尖细胞有丝分裂中期分裂相绘图于实验报告本上。

2. 根据实验操作中遇到的问题和思考，写出实验的体会与收获。

实验二十四　染色体结构变异观察与鉴定

［实验目的］

鉴别各种染色体结构变异在减数分裂中的细胞学特征，了解其遗传学意义。

［实验原理］

染色体的结构变异，包括缺失、重复、倒位、易位四种，其中前三种都是同源染色体间先断裂后错接的结果，易位的产生则涉及非同源染色体的断裂和错接。各种结构变异的杂合体，在减数分裂过程中，常表现特殊的细胞学特征，故可加以鉴别。如缺失或重复的杂合体，在粗线期形成缺失或重复圈；杂倒位体在粗线期形成倒位圈（图 8-24-1A），如果是臂内倒位，到后期Ⅰ会出现染色体桥（图 8-24-1B）和断片；易位杂合体在粗线期形成“十”字联会（图 8-24-1C），终变期出现“四体环”（链）或“∞”字形环（图 8-24-1D－F）。染色体发生结构变异后严重的造成个体死亡，一般导致花粉粒和胚珠的半不育或部分不育，产生性状变异，如假显性现象、剂量效应、位置效应及改变基因的连锁关系等。染色体的结构变异也是物种进化的重要途径之一。

［实验用品］

1. 实验材料

(1)示范照片：黑麦臂内倒位杂合体的后期Ⅰ桥、玉米相互易位杂合体粗线期“十”字联会、

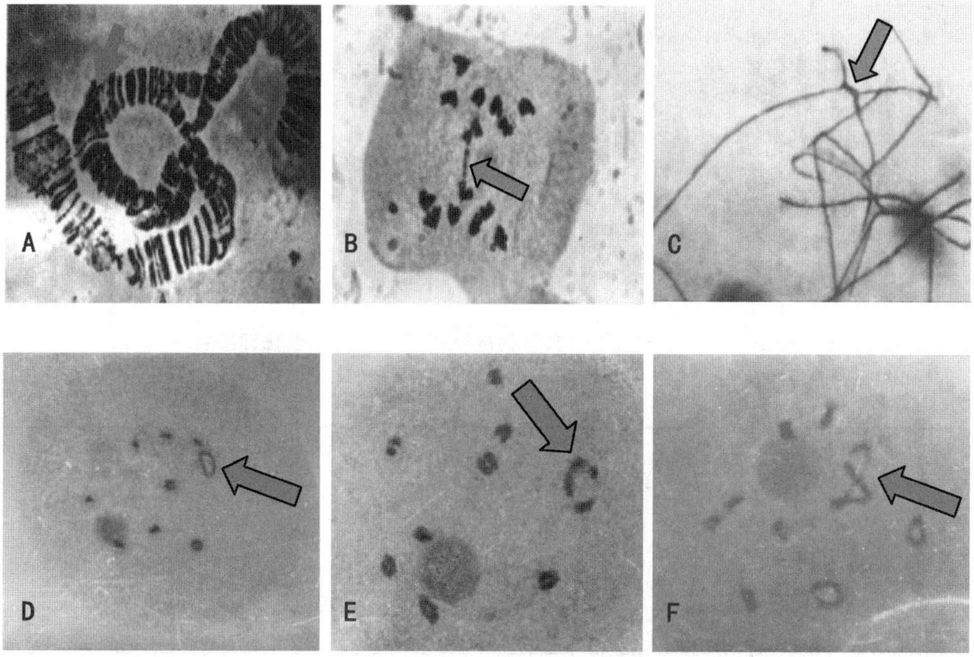

图 8-24-1 染色体结构变异细胞学特征

A. 玉米相互易位杂合体粗线期“十”字联会 B. 果蝇唾腺细胞倒位杂合体粗线期倒位圈
C. 黑麦臂内倒位杂合体的后期Ⅰ桥 D. 玉米相互易位杂合体终变期四体环
E. 玉米相互易位杂合体终变期四体链 F. 玉米相互易位杂合体终变期“∞”字形环

玉米相互易位杂合体的终变期四体环等。

(2)玉米易位杂合体花粉母细胞减数分裂永久片。

(3)玉米易位杂合体的雄幼穗。

(4)玉米易位杂合体的成熟雄穗。

2. 实验用品

显微镜、载片、盖片、培养皿、镊子、自制解剖针。

3. 实验药品

醋酸洋红染液，I-KI 染液。

[实验步骤]

1. 观察示范照片和永久片

仔细观察并鉴别臂内倒位杂合体的后期Ⅰ桥、玉米相互易位杂合体粗线期“十”字联会、玉米相互易位杂合体的终变期“四体环”(链)或“∞”字形环等。了解其遗传学效应及意义。

2. 杂易位玉米花粉育性检察

取保存于 70% 乙醇中的玉米花粉成熟的雄穗(经过固定的)，用镊子取出 1～2 枚花药置盖玻片上，滴一滴 I-KI 染液，挤出花粉粒，捡出花药壁。盖上盖玻片，放在低倍镜下观察。染成蓝色的圆形、饱满、内含物充实的花粉粒为可育花粉，那些形状不规则、皱瘪、缺少内含物、棕黄色的为败育花粉粒(图 8-24-2)。要求观察三个视野，将结果记于表 8-24-1。

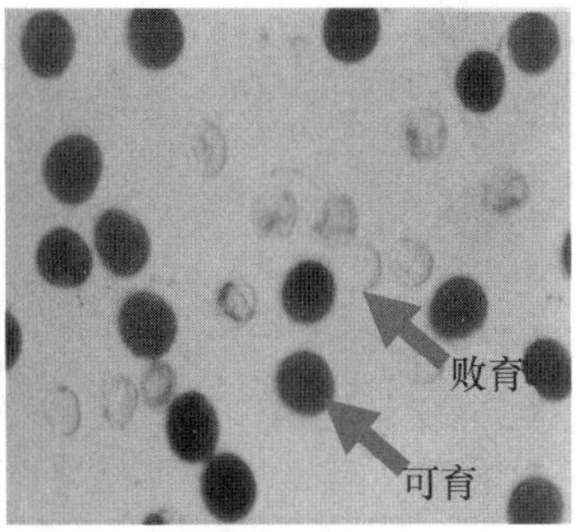

图 8-24-2　玉米易位杂合体的成熟雄穗花粉育性碘化钾染色

表 8-24-1　杂易位玉米花粉育性检察结果

视野	蓝色	棕黄色	合计	花粉败育率/%
Ⅰ				
Ⅱ				
Ⅲ				
平均				

3. 制作涂抹片

观察杂易位花粉母细胞的粗线期与终变期：取固定并保存于70%乙醇中的杂易位玉米雄幼穗。制片方法同实验“植物减数分裂的制片和观察”。观察粗线期形成的“十”字联会，终变期形成的“四体环(链)”及另外8个二价体。“四体环”涉及的二对染色体在后期Ⅰ发生邻近式分离，最终产生败育配子；而发生交替式分离，产生可育配子。

[注意事项]

1. 压片不得用力过猛，以免将细胞压碎。
2. 染色液不宜多用，否则压片时，花粉母细胞会随着染色液被压到盖玻片外。
3. 注意区分花粉母细胞、绒毡层细胞及单核花粉粒。花粉母细胞为圆球状、核大、着色浅、单核；绒毡层细胞为多边形、双核、核小且染色深；单核花粉粒为长圆形、体积远比花粉母细胞小。
4. 注意区分中期Ⅰ和中期Ⅱ、后期Ⅰ和后期Ⅱ，第一次分裂是在圆球状细胞中进行，第二次分裂是在两个半月形细胞进行。
5. 注意区分易位的四体环与同源染色体的交叉端化形成的环。

[作业及思考]

1. 绘制玉米易位杂合体花粉母细胞减数分裂相。
2. 统计玉米易位杂合体花粉败育率，并说明半不育的原因。

实验二十五　蚕豆根尖细胞微核实验

[实验目的]

了解微核形成的原因及其形态特点，掌握蚕豆根尖细胞的微核检测技术。

[实验原理]

微核(micronucleus，MCN)是真核生物细胞中的一种异常结构。当染色体受到损伤以后，在有丝分裂中，后期丧失着丝粒而形成染色体断片，这些断片在分裂过程中行动滞后，到分裂末期受到子细胞排除而不能进入主核，形成游离于主核之外的次核。当细胞进入下一次分裂间期时，常常见到比普通细胞核小得多的一个或几个圆形的结构，其直径相当于细胞直径的1/20～1/5，故称微核。除无着丝粒的染色体断片外，整条染色体或几条染色体也能形成微核。微核的折光率及细胞化学反应性质和主核一样，也具有合成DNA的能力。微核率与用药的剂量及辐射累积效应呈正相关。因此，微核检测已用于辐射损伤、辐射防护、化学诱变剂、新药试验、染色体遗传疾病及癌症前期诊断等各方面。

20世纪70年代初期由Matter和Schmid首先建立了一个简便、快速、评价客观的检测方法，即用哺乳动物骨髓微核出现率来检测染色体损伤的新方法，称之为微核测定法。之后，微核测定逐渐从动物、人类扩展到植物领域。80年代后，人们建立了更为简便易行的蚕豆(*Vicia faba*)根尖细胞微核检测技术。它作为一种环境变异的检测手段，在我国不少地区的环保部门和医疗卫生系统中都有广泛的应用。

[实验用品]

1. 实验材料

蚕豆种子。

2. 实验仪器

显微镜，恒温培养箱，恒温水浴锅，烧杯，计数器，镊子，载玻片，盖片等。

3. 实验药品

1 mol/L盐酸，0.4 mg/mL环磷腺胺，卡诺固定液，锡夫试剂，漂洗液(现用现配)，45%醋酸等。

[实验步骤]

一、材料培养、处理

将实验用的蚕豆按需要量放入盛有自来水的烧杯中，浸泡24 h，换水2～3次。种子吸胀后，25℃催芽，经36～48 h，待大部分初生根长至1～2 cm时，用环磷腺胺处理根尖6～12 h。

二、根尖细胞恢复培养

处理后的种子用自来水(或蒸馏水)浸洗3次，每次2～3 min。洗净后再在25℃下恢复培养 22～24 h。

三、固定

将恢复培养后的种子，最好在细胞分裂高峰期，从根尖顶端切下 1 cm 左右长的幼根，用卡诺固定液固定 2～24 h。固定后的根尖如不及时制片，可换入 70%的乙醇溶液中，置 4℃冰箱中保存备用。

四、解离

用蒸馏水浸洗固定好的幼根两次，每次 5 min，吸净蒸馏水。用 1 mol/L HCl 在 60℃下解离 20 min 左右，再用冷 1 mol/L HCl 洗 1 次。吸去盐酸，用蒸馏水浸没幼根 3 次，每次 1～2 min。

五、染色

取固定或保存进行好的根尖用锡夫试剂染色（最好在 10℃左右的黑暗条件下染色，其染色时间为 1 h）。

六、漂洗

用漂洗液洗 3 次，每次 5～10 min。

七、水洗、压片、镜检

水洗 5～10 min，滴一滴 45%醋酸压片。将制片置于低倍镜下找到分生组织区细胞分散均匀、分裂相较多的部位，再转高倍镜下观察。微核大小在主核 1/3 以下，着色与主核一致或稍深，呈圆形或椭圆形（图 8-25-1）。

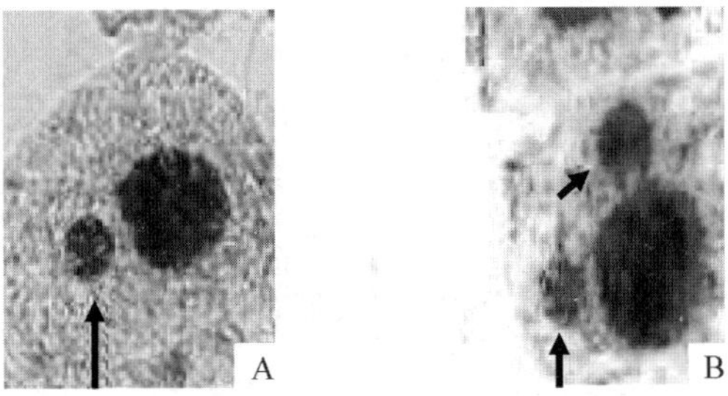

图 8-25-1　蚕豆根尖细胞中微核的形态

A. 一个细胞一个微核（箭头所示）　B. 一个细胞二个微核（箭头所示）

[注意事项]

1. 解离时，根据不同材料事先摸索解离时间。
2. 漂洗时间避免过长和过短。时间过长，DNA 也被去色；时间过短，细胞质颜色则除不净。

[作业与思考]

1. 观察细胞中微核形态和数目，用照相或绘图方法记录下来。
2. 每人观察计数 1 000 个嗜多染红细胞微核千分率，每 4 人一组统计所观察的数据。

实验二十六　小白鼠骨髓嗜多染红细胞微核及精子畸形实验

Ⅰ　小白鼠骨髓嗜多染红细胞微核实验

[实验目的]

学习小白鼠骨髓嗜多染红细胞微核试验制片技术，以掌握评价理化因子对机体遗传危害的筛选方法。

[实验原理]

来自环境中的各种理化因子对机体产生不同的影响。欲了解其潜在的遗传危害，则需要建立一系列的检测方法。骨髓细胞微核分析是检测化学品对嗜多染红细胞干细胞所产生的致染色体畸变作用，也属于快速筛检化学品的细胞遗传学效应的一种方法。在骨髓及外周血液的有核细胞中均可见到。但是，在这类只有少量胞浆的有核细胞中，微核常难以与正常核叶及核的突出物相鉴别。而在无核的嗜多染红细胞的胞浆中，微核却十分易于辨认。故而一般检查嗜多染红细胞中微核的多少来鉴别是否异常。

本实验介绍了小鼠骨髓嗜多染红细胞微核制片技术以及识别和计数微核的方法。以掌握评价理化因子对机体遗传危害的一种快速筛选方法。

[实验用品]

1. 实验材料

成年小白鼠，体重在 22～25 g(雌雄均可)。

2. 实验仪器

5 mL 尖底刻度离心管，普通滴管，解剖剪，镊子，止血钳，1 mL 注射器，6 号针头，载玻片，盖片，扣染盘，立式染缸，计数器，显微镜，离心机等。

3. 实验药品

(1)环磷酰胺：医用注射针剂。

(2)小牛血清：滤菌后血清，放入 56℃水浴保温半小时进行灭活，冰箱保存。

(3)0.9%氯化钠生理盐水。

(4)甲醇：化学纯或无水。

(5)Giemsa 染液原液。

(6)Giemsa 应用液：临用时现配。用 1 份 Giemsa 原液加 9 份 pH 6.8 的磷酸缓冲液配成。

[实验步骤]

骨髓细胞微核测定取材时间一般为末次给药后 6～30 h 较为合适。阳性药物可用环磷酰胺，为加强阳性效果，剂量适当加大，如每克体重 0.15 mg。一般腹腔注射。

一、骨髓液的制备

小鼠脱颈椎处死，取两根股骨，剔净肌肉，用纱布擦掉附在股骨上的血污和肌肉，剪掉股骨头。将两根股骨剪碎到盛 2 mL 生理盐水的小烧杯内，用止血钳将碎骨反复夹挤。以致使骨髓细胞游离于生理盐水中，去掉骨渣，静止片刻，取上清液于 5 mL 刻度离心管中。

二、离心

以 1 000 r/min 离心 3～5 min，然后用滴管吸弃上清液。留下沉淀并加入 1～2 滴小牛血清，用滴管尖端仔细混匀。

三、涂片

吸取混悬液 1 小滴于载玻片一端，按血常规涂片法涂片，2～3 cm 长，在空气中晾干备用。

四、固定

放入无水甲醇固定 5～10 min，即使当日不染色，也应当固定后保存。最好是当日染色效果较好。

五、染色

直接在 Giemsa 应用液中扣染 10～18 min，然后用 pH 6.8 左右磷酸缓冲液冲洗。

六、观察计数

先以低倍镜粗检，选择细胞分散均匀，染色良好的区域转到油镜下计数。

嗜多染红细胞呈蓝灰色、成熟红细胞呈橘红色(图 8-26-1)。微核多数呈圆形或椭圆形，边缘光滑整齐，嗜染性与核质一致，呈紫红色或蓝紫色(图 8-26-2)。每只动物计数 1 000～2 000 个嗜多染红细胞，观察含有微核的嗜多染红细胞数，微核率以千分率表示。一个嗜多染红细胞中出现两个或更多个微核，仍按一个细胞计数。

正常小鼠嗜多染红细胞微核千分率为 1.60～2.58，按 0.15 mg/g 计量给小鼠腹腔注射环磷酰胺，其嗜多染红细胞千分率为 30.36。

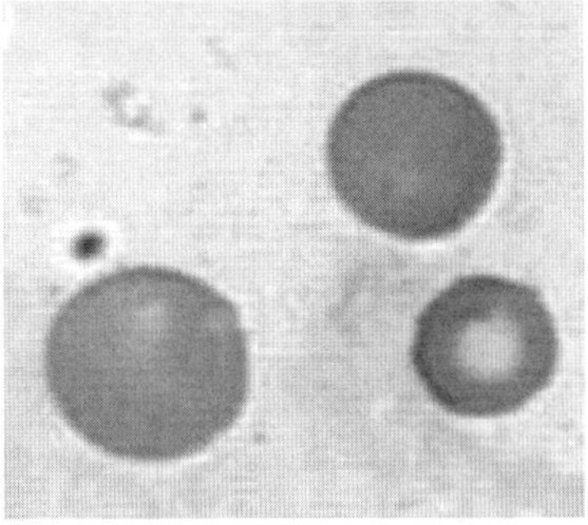

图 8-26-1　正常红细胞和嗜多染红细胞

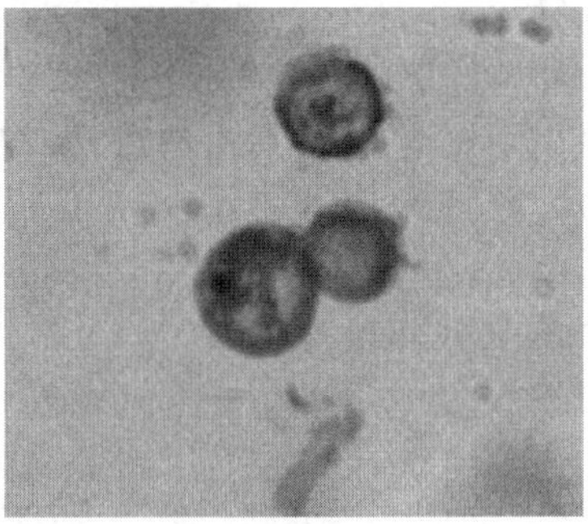

图 8-26-2　嗜多染红细胞微核

Ⅱ 小鼠精子畸形试验

[实验目的]

学习并掌握进行小鼠精子畸形试验的技术。

[实验原理]

小鼠精子畸形试验是评价环境化学物对生殖细胞遗传损伤的简单、方便的方法之一。多种化学致突变原能引起精子形态异常。这种形态异常精子通称为精子畸形。精子畸形包括精子形状的改变(主要是头部形状的改变)及畸形精子数量的增加。引起精子畸形的机制尚未最后阐明。Wyrobek 认为,可能是诱变剂使精子形成的有关基因发生突变而引起。Krazanowska 认为,Y 染色体上性连锁基因控制畸变精子的数量,常染色体基因控制精子的表型。因此当环境中的化学物质使上述基因发生突变时,就会导致精子畸形或畸形率增高。某些特异的染色体重排,如性-常染色体易位,也可使精子发生畸形。

各种诱变剂作用于精子的不同发育阶段,可在接触该种诱变剂后不同时期出现精子畸形。一般认为精原细胞后期或初级精母细胞早期的生殖细胞对化学诱变剂较为敏感。故一般在接触诱变剂后第 4 周易出现精子畸形或畸形率增高。

[实验用品]

1. 实验材料

选择 8～10 周龄性成熟的雄性小鼠。腹腔注射环磷酰胺(0.15 mg/g 体重)连续给药 3 次,间隔 24 h,首次给药后 4 周取材。

2. 实验仪器

5 mL 刻度离心管,5 mL 小烧杯,滴管,小漏斗,1 mL 注射,6 号针头,载玻片,解剖器,擦镜纸,离心机,显微镜等。

3. 实验药品

0.9%生理盐水,无水甲醇,环磷酰胺,2%伊红染色液。

[实验步骤]

一、取材制片

(1)脱颈椎处死动物,取出双侧附睾,放在盛有 2 mL 生理盐水的小烧杯中。

(2)用眼科剪刀将附睾剪碎,使精子游离出来。

(3)用四层擦镜纸,放在漏斗上进行过滤,滤液放入 5 mL 离心管中。

(4)以 1 000 r/min 离心 5 min。

(5)弃上清液,留少许上清液,指弹法打匀沉淀物。

(6)血常规法涂片,晾干备用。

二、固定与染色

(1)取自然干燥后的标本,放在甲醇中固定 5 min。自然干燥。

(2)2%伊红染色 20～30 min。自来水冲洗,自然干燥后进行镜检。

三、观察指标

在低倍镜下找到背景清晰、精子重叠较少的部位,用高倍镜按顺序检查精子形态。每只动物检查完整精子 200～500 个。一个剂量组至少要检查 1 000～2 500 个精子。畸形精子类型可分为:无钩、香蕉形、无定形、胖头、尾折叠、双头及双尾等。记录畸形精子总数,还要分别记录各种类型畸形精子数,进行精子畸形类型比分析。据文献报道,不同种诱变剂引起精子畸形的类型也不同。精子不同部位的畸形,对精子的活动能力及使卵子受精的能力有着不同的影响(图 8-26-3,图 8-26-4)。

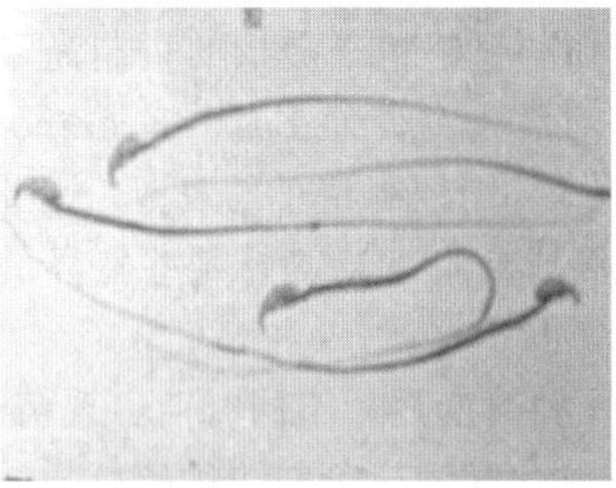

图 8-26-3 小鼠正常精子

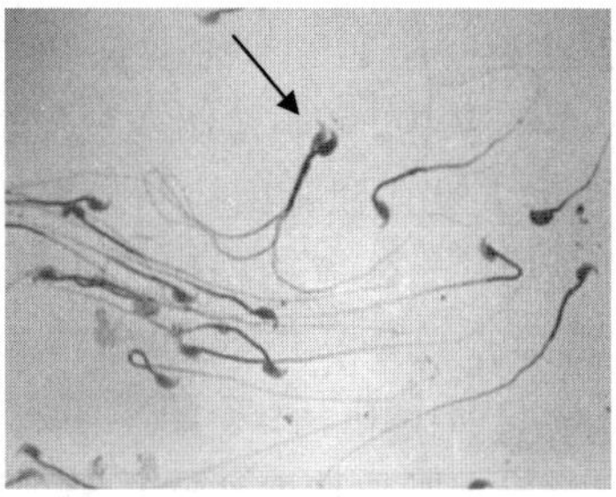

图 8-26-4 小鼠畸形精子(示二头三尾)

[注意事项]

1. Giemsa 应用液现用现配。
2. 染色前,将 2%伊红染色液用滤纸再过滤一遍,减少杂质干扰。
3. 自然水冲洗时,从载玻片被面冲洗,避免材料丢失。

[作业与思考]

1. 每张载玻片随机观察 2 000 个以上红细胞,观察指标为微核及核异常的细胞率,结果以千分率(‰)表示。
2. 绘小鼠畸形精子图。
3. 总结影响小鼠畸形精子制片效果的因素。

第9章 分子遗传

实验二十七　质粒 DNA 的提取与鉴定

[实验目的]

了解质粒 DNA 与线性 DNA 的差异，掌握碱裂解法小量制备细菌质粒 DNA 的方法，了解质粒酶切鉴定的原理，掌握琼脂糖凝胶电泳技术。

[实验原理]

细菌质粒是一类双链、闭环的 DNA，大小为 1～200 kb。各种质粒都是存在于细胞质中、独立于细胞染色体之外的自主复制的遗传成分，通常情况下可持续稳定地处于染色体外的游离状态，但在一定条件下也会可逆地整合到寄主染色体上，随着染色体的复制而复制，并通过细胞分裂传递到后代。质粒已成为目前最常用的基因克隆的载体分子，重要的条件是可获得大量纯化的质粒 DNA 分子。目前已有许多方法可用于质粒 DNA 的提取，本实验采用碱裂解法提取质粒 DNA。

碱裂解法是一种应用最为广泛的制备质粒 DNA 的方法。碱裂解法是基于线性大分子染色体 DNA 与小分子环形质粒 DNA 的变性与复性的差异而达到分离目的。在 pH 12.0～12.6 的碱性环境中，线形染色体 DNA 和环形质粒 DNA 氢键会发生断裂，双螺旋结构解开而变性，但质粒 DNA 由于其闭合环形结构，氢键仅发生部分断裂，但超螺旋共价闭合环状的两条互补链不会完全分离；当以 pH 4.8 的 KAc 高盐缓冲液去调节其 pH 至中性时，已分开的染色体 DNA 互补链不能复性而交联形成不溶的网状结构，通过离心大部分染色体 DNA、不稳定的大分子 RNA 和蛋白质-SDS 复合物等一起沉淀下来而被除去，而部分变性的闭合环状的质粒 DNA 在中性条件下很快复性，恢复到原来的构型，呈可溶性状态保存于溶液中，离心后上清液中便含有所需要的质粒 DNA。

限制性内切酶是 DNA 操作过程中所使用的基本工具，其特异性地结合于一段特殊 DNA 序列之内或其附近的特异位点上，并在此切割双链 DNA。分子克隆中常用的为Ⅱ限制酶，其识别位点长度为 4、5 或 6 个核苷酸的反向重复序列，限制酶的切割点因酶而异，有些产生带平端的 DNA 片段，而另一些产生带有黏性末端的 DNA。

在一定电场强度下，DNA 分子的迁移取决于分子筛效应，即 DNA 分子本身的大小和构型(相对分子质量不同的 DNA 片段泳动速度不一样)，且 DNA 分子的迁移速度与相对分子质量的对数值呈反比关系。因此，凝胶电泳不仅可分离不同相对分子质量的 DNA，也可以分离相对分子质量相同，但构型不同的 DNA 分子，其中超螺旋结构泳动最快，其次为线性结构，最慢的可能是复制中间体（没有复制完的两个质粒连在一起），而不是开环结构。电泳时胶中加入荧光染料溴化乙锭（EtBr），EtBr 为扁平分子，很易嵌入到核酸的碱基对之间，DNA 与 EtBr 结合后，在紫外光照射下可发射出橙红色可见荧光。

[实验用品]

1. 实验材料

含 pUC19-*EIS* 质粒的大肠杆菌，pUC19-*EIS* 质粒为氨苄青霉素抗性，该载体在构建过程中加入了 *Hin*dⅢ和 *Kpn* Ⅰ酶切位点，*EIS* 基因片段大小约 1 800 bp。

1.5 mL 塑料离心管，离心管架，吸头及盒，卫生纸。

2. 实验仪器

超净工作台，高压灭菌锅，恒温培养箱，冷冻离心机，电热恒温水浴，分光光度计，恒温振荡器，涡旋振荡器，电泳仪，电泳槽，紫外透射仪，凝胶成像仪，制冰机，双蒸水器，pH 计，微量移液器等。

3. 实验药品

（1）LB 液体培养基：称取蛋白胨 10 g，酵母提取物 5 g，NaCl 10 g，溶于 800 mL 蒸馏水中，用 NaOH 调 pH 至 7.5，加水至总体积 1 000 mL，高压灭菌 15 min。

（2）LB 固体培养基：称取蛋白胨 10 g，酵母提取物 5 g，NaCl 10 g，溶于 800 mL 蒸馏水中，用 NaOH 调 pH 至 7.5，加入琼脂粉 15 g，加水至总体积 1 000 mL，高压灭菌 15 min。

（3）氨苄青霉素贮存液：配制浓度 50 mg/mL 卡那霉素水溶液，−20℃保存备用。

（4）含有抗生素的 LB 平板培养基：将配置好的 LB 固体培养基高压灭菌后，冷却到 60℃左右，加入氨苄青霉素（终浓度为 50 μg/mL）。

（5）1 mol/L Tris-HCl（Tris 是三羟甲基氨基甲烷）：800 mL H_2O 中溶解 121 g Tris 碱，用浓盐酸调 pH，混匀后加水到 1 000 mL。

（6）0.5 mol/L EDTA（乙二胺四乙酸）：700 mL H_2O 中溶解 186.1 g $Na_2EDTA \cdot 2H_2O$，用 10 mol/L NaOH 调 pH 8.0（需约 50 mL），补 H_2O 到 1 000 mL。

（7）溶液Ⅰ：50 mmol/L 葡萄糖，10 mmol/L EDTA（pH 8.0），25 mmol/L Tris-HCl（pH 8.0）。配制方法：1 mol/L Tris•HCl（pH 8.0）12.5 mL，0.5 mol/L EDTA（pH 8.0）10 mL，葡萄糖 4.730 g，加 ddH_2O 至 500 mL。在 121℃高压灭菌 15 min，贮存于 4℃。

（8）溶液Ⅱ：0.2 mol/L NaOH，1% SDS。配制方法：2 mol/L NaOH 1 mL，10% SDS 1 mL，加 ddH_2O 至 10 mL。使用前临时配置，现配现用。

（9）溶液Ⅲ：乙酸钾溶液（3 mol/L，pH 4.8）（ 60 mL 的 5 mol/L KAc，11.5 mL 冰醋酸，28.5 mL H_2O）。配制方法：5 mol/L KAc 300 mL，冰醋酸 57.5 mL，加 ddH_2O 至 500 mL。4℃保存备用。

（10）RNA 酶 A 母液：将 RNA 酶 A 溶于 10 mmol/L Tris • HCl（pH 7.5），15 mmol/L NaCl 中，配成 10 mg/mL 的溶液，于 100℃加热 15 min，使混有的 DNA 酶失活。冷却后用 1.5 mL 管分装成小份保存于−20℃。

（11）TE 缓冲液：10 mmol/L Tris-HCl（pH 8.0），1 mmol/L EDTA（pH 8.0）。配制方法：

1 mol/L Tris-HCl(pH 8.0)1 mL，0.5 mol/L EDTA(pH 8.0)0.2 mL，加 ddH_2O 至 100 mL。121℃高压湿热灭菌 20 min，4℃保存备用。

(12)5×TBE 缓冲液：0.45 mol/L Tris-硼酸，0.01 mol/L EDTA，pH 8.0。

(13)10×Loading buffer：1% SDS，0.05%溴酚蓝，50%的甘油。

(14)其他药品：无水乙醇，70%乙醇，标准分子量片段，核酸内切酶 *Hin*dⅢ和 *Kpn* Ⅰ(TaKaRa)，琼脂糖，溴化乙锭(EtBr)染色液(10 mg/mL)，苯酚∶氯仿∶异戊醇(25∶24∶1)。

[实验步骤]

一、细菌培养与质粒扩增

挑取 LB 固体培养基上生长的 pUC19-*EIS* 单菌落，接种于 5 mL LB(含 Amp 50 μg/mL)液体培养基中，37℃、250 r/min 振荡培养过夜(12～14 h)。

二、质粒提取

(1)将 1.5 mL 菌液加入 1.5 mL 离心管中，12 000 r/min 离心 30 s，弃上清液，将离心管倒置于卫生纸上，使液体尽可能流尽。注意：离心时间不能太长，以免影响下一步的菌体悬浮。

(2)菌体沉淀重悬于 100 μL 溶液Ⅰ中(需要剧烈振荡，可于涡旋振荡器上振荡悬浮细菌细胞，尽量使细胞分散)，室温下放置 5～10 min。

溶液Ⅰ中的葡萄糖的作用是增大溶液的黏度，减少提取过程中的机械剪切力，防止染色体 DNA 的断裂；EDTA 的作用是与二价离子(Ca^{2+})结合，降低 DNase 对 DNA 的降解。

(3)加入 200 μL 新配制的溶液Ⅱ，盖紧管口，将管温和颠倒数次混匀(千万不要振荡)，冰浴 5 min；溶液Ⅱ中的 NaOH 与 SDS 可裂解细胞，使 DNA 变性，以及 SDS 使蛋白变性并形成交联的网状结构复性，而细菌染色体 DNA 不能正确复性。

(4)加入 150 μL 预冷的溶液Ⅲ，盖紧管口，将管温和颠倒数次混匀，见白色絮状沉淀，可在冰上放置 5 min。12 000 r/min 离心 10 min。溶液Ⅲ为中和溶液，此时质粒 DNA 复性，染色体 DNA 和蛋白质不可逆变性，形成不可溶复合物，同时 K^+ 使 SDS-蛋白复合物沉淀。12 000 r/min 离心 6 min，将上清液移入另一干净的管中。

(5)上清液移入干净管中，加入等体积的酚/氯仿/异戊醇(约 450 μL)。振荡混匀，12 000 r/min 离心 10 min。

(6)小心移出上清液于一新微量离心管中，加入 2 倍体积预冷的无水乙醇约 1 mL，混匀，室温放置 2～5 min，12 000 r/min 离心 10 min。

(7)弃上清液，将管口敞开倒置于卫生纸上使所有液体流出，加入 1 mL 70%乙醇洗沉淀一次，12 000 r/min 离心 5 min。

(8)吸除上清液，将管倒置于卫生纸上使液体流尽，室温干燥。

(9)将沉淀溶于 20 μL TE 缓冲液(pH 8.0，含 20 μg/mL RNaseA)中，37℃水浴 30 min 以降解 RNA 分子，储于－20℃冰箱中。

三、提取质粒的酶切鉴定与琼脂糖凝胶电泳

(1)在一个干净的 0.5 mL 离心管中混匀下列反应物，离心管中依次加入下列溶液。

反应物	体积/μL
质粒 DNA	1
10×tango 酶切缓冲液	2
*Hin*d Ⅲ	1
Kpn Ⅰ	1
H_2O	至 20 μL

(2)轻轻混匀，5 000 r/min 离心 10 s，置于 37℃水浴中酶解 3 h。

(3)酶解完成后，取 5 μL 的反应液进行 1%琼脂糖凝胶电泳检测。加入 6×上样缓冲液，混匀。

(4)称取 1 g 琼脂糖，置于三角瓶中，加入 100 mL 0.5×TBE，瓶口倒扣一个小烧杯，将该三角瓶置于微波炉加热直至琼脂糖溶解，将其倒入封闭的胶槽中。整个有机玻璃板表面形成均匀的胶层，不要产生气泡(厚度为 3～4 mm)。

(5)室温下静置 30 min 左右，待凝固完全后，轻轻拔出梳子。

(6)制好胶后将凝胶连同内槽放在含有 0.5×TBE 或 1×TAE 缓冲液的电泳槽中使用(注意：电泳槽中的缓冲液应与配胶用的缓冲液成分、浓度一致)。

(7)用微量加样器将样品分别加入胶板的样品孔内，加完样后的凝胶板即可通电进行电泳(80～100 V 的电压下电泳，一般情况下，电压/电极间距离应小于 5 V/cm)，当溴酚蓝移动到距离胶板下沿约 1 cm 处停止电泳。

(8)在紫外灯下观察染色后的凝胶。DNA 存在处显示出红色的荧光条带(在紫外灯下观察时，应戴上防护眼镜或有机玻璃防护面罩，避免眼睛遭受强紫外光损伤，拍照电泳图谱时，可采用凝胶成像系统)。

提取的 pUC19-*EIS* 质粒图谱见图 9-27-1，质粒图谱显示提出三条带，其中跑在最前面的为超螺旋结构。pUC19-*EIS* 质粒的酶切图谱见图 9-27-2，双酶切结果显示，切下的目的基因片段大小约为 1 800 bp，与 *EIS* 基因序列大小相符。

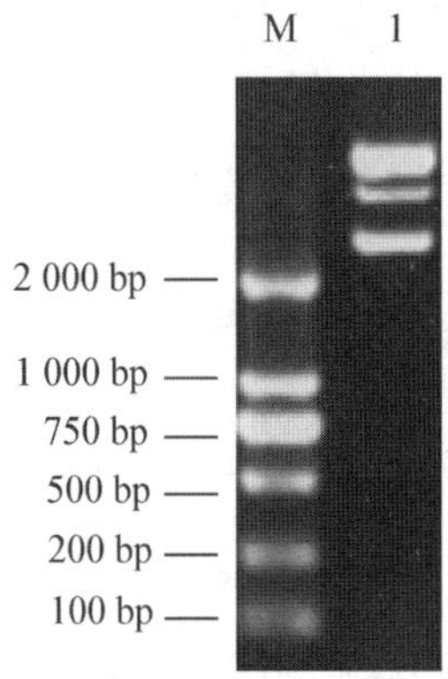

图 9-27-1　pUC19-*EIS* 质粒电泳图谱

M. DL 2 000　1. pUC19-*EIS* 质粒

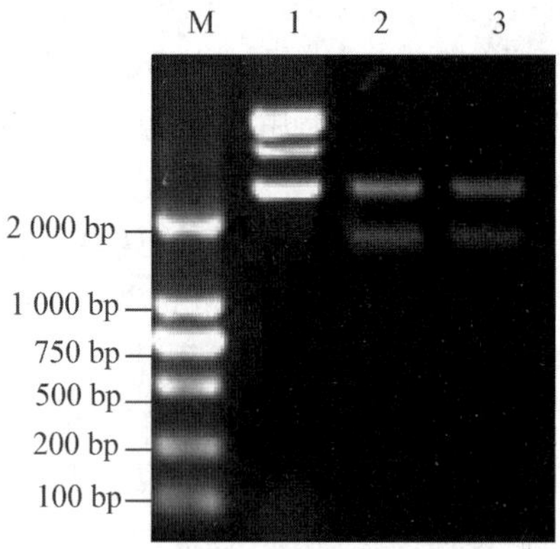

图 9-27-2　pUC19-*EIS* 的双酶切结果

M. DL 2 000　1. pUC19-*EIS* 质粒　2、3. pUC19-*EIS* 双酶切

[注意事项]

1. 质粒提取过程应尽量保持低温。

2. 沉淀质粒 DNA 通常使用冰乙醇，在低温条件下放置时间稍长可使 DNA 沉淀完全。沉淀 DNA 也可用异丙醇（一般使用等体积），且沉淀完全，速度快，但常把盐沉淀下来，所以多数还是用乙醇。

3. 氯仿可使蛋白变性并有助于液相与有机相分开，异戊醇则可起消除抽提过程中出现的泡沫。酚和氯仿均有很强的腐蚀性，操作时应戴手套。

4. 做酶切时，加入每一种成分都反复用枪头缓慢地抽吸几次混匀，为使微量操作更精确，可以 4 个人（8 tubes）一起做 9 份酶切体系混合液，然后再分装 10 μL 于各管中。

5. 电泳上样时要小心操作，防止样品溢出。

6. EtBr 是极强致癌物，配制和使用 EtBr 染色液时，应戴乳胶手套或一次性手套，并且不要将该染色液洒在桌面或地面上，凡是沾污 EtBr 的器皿或物品，必须进行清洗或弃去。

[作业及思考]

1. 按实验步骤制备提取细菌质粒 DNA，并对提取的质粒 DNA 进行酶切鉴定，贴上打印实验照片并标明照片上各 DNA 条带的含义。

2. 分析细菌质粒 DNA 提取和鉴定过程中各主要步骤的作用机理和应该注意的事项。

3. 染色体 DNA 与质粒 DNA 分离的主要依据是什么？

4. 在用碱裂解法小量制备质粒过程中Ⅰ液、Ⅱ液与Ⅲ液的作用机理是什么？

5. 影响限制性酶切的因素有哪些？

6. 结合实验情况，如何提高限制性酶切的反应效率？

7. 如何设置酶切反应的对照？

实验二十八　植物基因组 DNA 的提取与鉴定

[实验目的]

学习和掌握从植物材料中提取植物基因组 DNA 的原理与方法。掌握用琼脂糖凝胶电泳技术和紫外吸收法测定核酸含量的方法。

[实验原理]

幼嫩组织的细胞处于旺盛的分裂阶段，细胞核较大，核酸浓度高，而且内含次生代谢产物、蛋白质及多糖类物质相对较少，适于 DNA 的提取。CTAB（hexadecyl trimethyl ammonium bromide，十六烷基三甲基溴化铵），是一种阳离子去污剂，具有从低离子强度溶液中沉淀核酸与酸性多聚糖的特性，在高离子强度的溶液中（>0.7 mol/L NaCl），CTAB 可以与蛋白质和多聚糖形成复合物，而不能沉淀核酸。因此，通过有机溶剂抽提，去除蛋白、多糖、酚类等杂质后加入乙醇沉淀即可使核酸分离出来。由于 CTAB 可以很好地去除多糖，相对于 SDS（sodium dodecyl sulfate，十二烷基磺酸钠）法比较适合用于植物组织 DNA 的提取。

DNA分子在260 nm处有特异的紫外吸收峰，且吸收强度与DNA的浓度成正比，因此可以采用紫外光谱分析法进行DNA定量分析。还可以通过琼脂糖凝胶电泳上显示的DNA带的亮度来定量分析，其原理是：EtBr(Ethidium bromide，溴化乙锭)作为一种荧光染料，能插入DNA的碱基对平面之间而结合于其上，在紫外光的激发下产生荧光，DNA分子上EtBr的量与DNA分子的长度和数量成正比，用已知浓度的DNA作为对照，根据Marker和样本DNA带纹亮度就可以估算样本DNA的相对分子质量及浓度。这种方法的优点是简便易行，可结合琼脂糖凝胶电泳分析DNA样品的完整性来进行，缺点是定量不够准确。

[实验用品]

1. 实验材料

植物幼嫩组织(如幼叶、花器、幼根等)。

2. 实验仪器

离心机、离心管、紫外分光光度计、微量移液器、水浴锅、冰箱、研钵、液氮罐、电子天平、pH计、高压灭菌锅、电泳仪及电泳槽。

3. 实验药品

CTAB提取液：2% CTAB(m/V)，100 mmol/L Tris-HCl (pH 8.0)，20 mmol/L EDTA (pH 8.0)，1.4 mol/L NaCl，2% PVP(灭菌后加入2% PVP，使之充分溶解)。在研磨植物幼嫩组织前加入1%(V/V) β-巯基乙醇。

TE(pH 8.0)：称取1.211 g Tris和0.372 g EDTA-Na_2，先用800 mL蒸馏水加热搅拌溶解，用盐酸调pH 8.0，再用蒸馏水定容至1 000 mL。高压灭菌20 min。

氯仿/异戊醇(24∶1，V/V)：将氯仿和异戊醇按体积24∶1的比例混匀，置棕色瓶中，4℃保存。

酚∶氯仿∶异戊醇(25∶24∶1)：按饱和酚、氯仿、异戊醇体积比为25∶24∶1比例混匀，置棕色瓶中，4℃保存。

10 mg/L的EtBr贮存液：在100 mL蒸馏水中加入1 g EtBr，在磁力搅拌器上搅拌数小时，使其完全溶解，转至棕色瓶中避光4℃保存。EtBr是强诱变剂，称量时要戴手套和口罩。一旦接触了EtBr，立即用大量水冲洗。

1×TAE电泳缓冲液：50×TAE浓缩贮存液含Tris碱242 g，冰醋酸57.1 mL，pH 8.0的0.5 mol/L EDTA 100 mL，加600 mL蒸馏水，在磁力搅拌器上搅拌，最后加蒸馏水定容至1 000 mL。

6×凝胶加样缓冲液：0.25%溴酚蓝，0.25%二甲苯青FF，40%(m/V)蔗糖水溶液，4℃保存。

3 mol/L NaAc(pH 5.2)。

[实验步骤]

一、提取DNA

(1)提取DNA所用的提取液、吸头、离心管等需要在高压灭菌锅中121℃(约1.1 kg/cm^2)高压灭菌20 min。

(2)用液氮将 50 mg 幼嫩叶片研磨成细粉，置于 1.5 mL 离心管中加入预热至 65℃的 600 μL 的 CTAB 提取液，轻摇混匀。

(3)65℃水浴 1 h，其间轻摇混匀。

(4)12 000 r/min 离心 10 min，取上清液转移至另一 1.5 mL 离心管中。

(5)向上清液中加入等体积的酚∶氯仿∶异戊醇(25∶24∶1)，轻轻混匀 10 min，然后 12 000 r/min 离心 10 min，再转移上清液入新管。

(6)向上清液加入等体积的氯仿∶异戊醇(24∶1)，轻轻混匀 10 min，然后 12 000 r/min 离心 10 min，再转移上清液入新管。

(7)向上清液中加 1/10 体积的 3 mol/L NaAc (pH 5.2)，等体积的冷异丙醇，小心混匀。12 000 r/min 离心 10 min，弃上清液。

(8)用 70%乙醇洗涤沉淀一次，12 000 r/min 离心，弃上清液。

(9)将沉淀在超净工作台上吹干，加 50 μL TE (pH 8.0)室温溶解。

(10)电泳检测或用紫外分光光度计检测 DNA 的浓度和质量。

二、DNA 浓度测定

1. 琼脂糖电泳法

琼脂糖电泳技术操作步骤请见“实验二十七”。

DNA 样品和上样缓冲液混合后，尖端插入加样孔底部，缓慢把 DNA 样品加入到加样孔中。加样完毕后，正确连接电泳槽和电源，打开电源，正确设定电压及时间，时间的选择取决于胶的长度和电压大小。一般不高于 5 V/cm 的电压，电泳约 2 h，待溴酚蓝离胶边 1～1.5 cm 时停止电泳。

小心取出凝胶，置于紫外透射仪上，紫外灯下检测扩增片段的有无及分离情况，在凝胶成像仪上照相(图 9-28-1)。用 λDNA 做相对分子质量大小的 Marker，如果带型不弥散，在与 Marker 20 kb 带的相应位置出现整齐明亮的条带，说明基因组 DNA 完整，没有降解。

2. 紫外分光光度法测定 DNA 的浓度

吸取 2 μL 待测的 DNA 样品，用 TE 或蒸馏水进行梯度稀释(如 1、10、50 倍)。用稀释液做空白，在 260 nm、280 nm、310 nm 处调节紫外分光光度计的读数至零。加入待测 DNA 样品在上述 3 个波长处读取 OD 值(图 9-28-1)。纯 DNA 样品的 OD_{260}/OD_{280} 值大约为 1.8，高于 1.8 有可能有 RNA 污染，低于 1.8 有蛋白质污染。

根据 OD 值计算 DNA 浓度或纯度：

[SSDNA]＝33 × ($OD_{260}-OD_{310}$) × 稀释倍数

[dSDNA]＝50 × ($OD_{260}-OD_{310}$) × 稀释倍数

[注意事项]

1. 轻轻操作 DNA 溶液和快速冷冻植物组织对减轻机械剪切力和核酸酶切非常重要，不要振荡。

2. EtBr 为强诱变剂，酚、氯仿、CTAB 具腐蚀性或毒性，使用含有上述药品的溶液时，必须戴手套，盛有酚和氯仿的离心管要集中处理或丢弃。

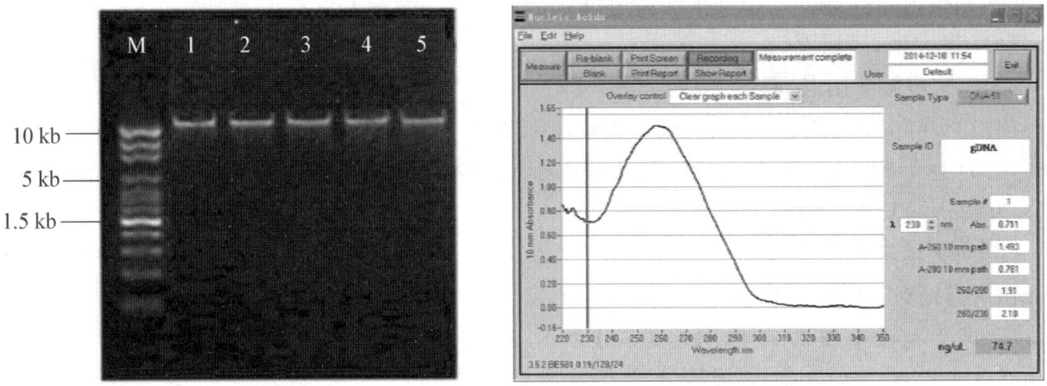

图 9-28-1　植物基因组 DNA 的检测

左图为琼脂糖电泳法检测 5 个样品的基因组 DNA，右图为利用紫外分光光度法测定 DNA 的浓度。

[作业及思考]

1. 完成一张 DNA 凝胶成像图并估算 DNA 浓度。
2. 如何检测、评价提取的样品的纯度？
3. 如何确定 DNA 的浓度？

实验二十九　植物总 RNA 的提取与鉴定

[实验目的]

使学生了解 RNA 分离的基本原理，掌握从植物组织中提取总 RNA 的方法和 RNA 完整性检测方法，了解影响 RNA 提取的因素。

[实验原理]

细胞总 RNA 包括细胞质 RNA 和细胞核 RNA，其中大量的是 rRNA，占 80%左右。基因转录产物 mRNA 在总 RNA 中只占 1%～5%。RNA 提取的基本原理是通过变性剂破碎细胞或者组织，然后经过有机溶剂等有效地将 RNA 从 DNA 和蛋白混合物中分离，最关键的是抑制 RNA 酶活性，防止 RNA 被降解。RNA 酶是一类水解核糖核酸的内切酶，RNA 酶生物活性十分稳定，并且存在非常广泛，不仅细胞内含有丰富的 RNA 酶，而且在实验环境中，如各种器皿、试剂、人的汗液、甚至灰尘中都存在 RNA 酶。所以在 RNA 提取过程中生物体内源、外源的 RNA 酶很容易导致 RNA 提取失败。RNA 提取过程中的蛋白质变性剂包括酚、氯仿、SDS、Sarkosyl（十二烷基肌氨酸钠）、DOC（脱氧胆酸钠）、盐酸胍、异硫氰酸胍、4-氨基水杨酸钠、三异丙基萘磺酸钠等；RNA 酶抑制剂有 RNasin（RNase 阻抑蛋白）、氧钒核糖核苷复合物等。外源 RNA 酶的抑制主要是使用 DEPC（焦碳酸二乙酯），它能与 RNase 分子中的必需基团组氨酸残基上的咪唑环结合而抑制酶活性，用于水、试剂及器皿的 RNase 灭活。

随着分子生物学技术和商业化的发展，已经开发出用于 RNA 提取的 Trizol 试剂。Trizol 试剂是一种新型总 RNA 抽提试剂，可以直接从细胞或组织中提取总 RNA，利用商品化的

Trizol 试剂提取植物的 RNA，方法便捷，效果好。Trizol 的主要成分是苯酚，苯酚的主要作用是裂解细胞，使细胞中的蛋白、核酸物质解聚得到释放，Trizol 中还加入了 8-羟基喹啉、异硫氰酸胍、β-巯基乙醇等来抑制内源和外源 RNase（RNA 酶）。Trizol 是从细胞和组织中提取总 RNA 的即用型试剂，在样品裂解或匀浆过程中，Trizol 能保持 RNA 完整性。

[实验用品]

1. 实验材料

植物幼嫩组织器官或幼苗，或保存在－80℃的冷冻材料。

2. 实验仪器

研钵、液氮、带盖离心管、移液器、涡旋振荡器、高速冷冻离心机、台式离心机、水浴锅、电泳槽、电泳仪、紫外成像系统等。

3. 实验药品

Trizol 试剂（含酚、异硫氰酸胍和溶解剂等）、75％乙醇、DEPC 水。

[实验步骤]

一、总 RNA 提取

1. 称样研磨

称取 0.1 g 样品，放在研钵中，加入液氮磨成粉末收集在 1.5 mL 离心管中，加入 1 mL Trizol 提取液，振荡均匀。

2. 去除 DNA 与蛋白质

将样品离心管在冰上放置 10 min，然后加入 0.2 mL 的氯仿，盖紧离心管，用手剧烈摇荡离心管 15 s。将离心管置于高速冷冻离心机上，4℃，12 000 r/min 离心 15 min，将上层 RNA 移入新的离心管（图 9-29-1）。

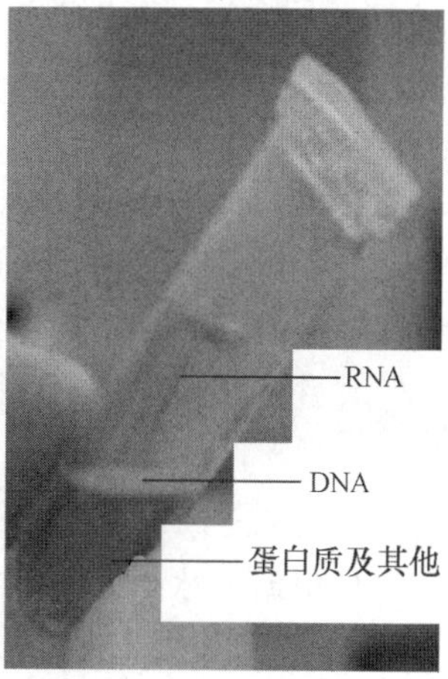

图 9-29-1 离心后样品

3. RNA 沉淀

新离心管中加入等体积的异丙醇，－20℃沉淀 30 min。将离心管置于高速冷冻离心机上，4℃，12 000 r/min 离心 10 min。

4. 乙醇洗涤

弃去上清液，加入 1 mL 75％乙醇，洗涤 2 次，去除异丙醇。

5. 溶解 RNA

弃去上清液，然后室温或真空干燥 5～10 min，然后加入 25 μL DEPC 水溶解 RNA，储藏于－80℃冰箱中备用。

二、RNA 完整性检测

1. 配制 5× 甲醛凝胶电泳缓冲液

将 20.6 g 3-(N-玛琳代)丙磺酸（MOPS）溶于 800 mL 经用 DEPC 处理的 50 mmol/L 乙酸钠溶液；用 2 mol/L 氢氧化钠将溶液调至 pH 7.0，加 10 mL 经用 DEPC 处理的 0.5 mol/L EDTA(pH 8.0)，再加入用 DEPC 处理过的水，定容至 1 L。溶液要用 0.2 μm 微孔滤膜过滤

除菌并保存在黑暗环境中。

2. 制备电泳凝胶

称适量琼脂糖溶于水（1%～2%，），加热至琼脂糖完全溶解，冷却至 60℃，加入 5×甲醛凝胶电泳缓冲液和 12.3 mol/L 甲醛贮存液。甲醛贮存液、琼脂糖水溶液和 5×甲醛凝胶电泳缓冲液按 1∶3.5∶1.1 比例混合即可。在化学通风橱内灌制凝胶，室温放置使凝胶凝固。

3. 制备样品

取一灭菌的 1.5 mL 离心管，加 RNA 4.5 μL、5×甲醛凝胶电泳缓冲液 2.0 μL、甲醛 3.5 μL、甲酰胺 10.0 μL，于 65℃水浴 15 min，冰浴冷却，离心 5 s 使管内所有液体集中于管底。加 2 μL 灭菌的并经用 DEPC 处理的甲醛凝胶加样缓冲液（50%甘油、1 mmol/L EDTA（pH 8.0）、0.25%溴酚蓝、0.25%二甲苯青 FF）。

4. 电泳

加样前，将凝胶预电泳 5 min，电压降为 5 V/cm，随后将样品加至凝胶加样孔，3～4 V/cm 电压进行电泳。

5. 染色及检测

电泳结束后（溴酚蓝迁移出约 8 cm），凝胶浸入溴化乙锭溶液（0.5 μg/mL，用 0.1 mol/L 乙酸铵配制）中染色 30～45 min，然后在紫外灯下成像。

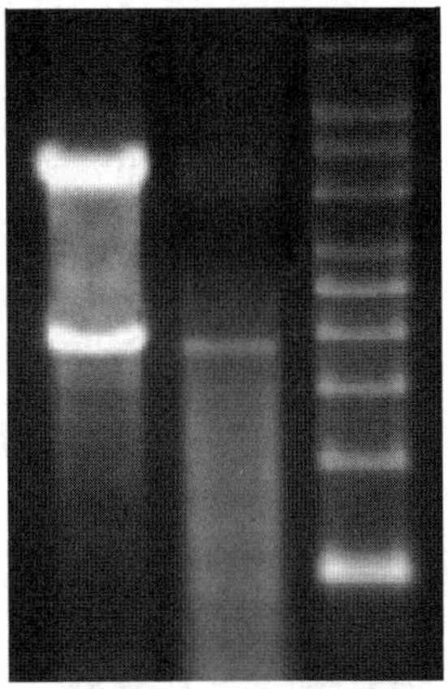

图 9-29-2 RNA 完整性检测结果

如果 RNA 降解则不会出现带纹，完整的 RNA 甲醛电泳对照 Marker 可明显地观察到 28 S 和 18 S 两条带，并且 28 S 大约是 18 S 的两倍宽（图 9-29-2）。

［注意事项］

1. 整个操作要戴口罩及一次性手套，并尽可能在低温下操作。
2. 使用 DEPC 时，应在通风橱中操作。
3. 玻璃器皿 180℃烘干 8 h 后使用，塑料制品用 DEPC 水处理然后高压灭菌，烘干。
4. 含有 Tris 一类的缓冲液，不可用 DEPC 处理。

［作业及思考］

1. 根据电泳结果鉴定所提取 RNA 的完整性，将结果填入右侧方框中，如果 RNA 降解分析其原因。
2. 如何做好 RNA 提取前的准备工作？

实验结果

实验三十 SSR 标记的检测分析

[实验目的]

了解 SSR 分子标记的原理，掌握 SSR 分子标记检测的操作步骤，熟悉 PCR 仪、电泳仪等设备的使用方法。

[实验原理]

微卫星 DNA，即简单重复序列（simple sequence repeat，SSR），指的是基因组中由 1～6 个核苷酸组成的基本单位重复多次构成的一段 DNA，广泛分布于基因组的不同位置，长度一般在 200 bp 以下。研究表明，微卫星在真核生物的基因组中的含量非常丰富，而且常常是随机分布于核 DNA 中。微卫星中重复单位的数目存在高度变异，这些变异表现为微卫星数目的整倍性变异或重复单位序列中的序列有可能不完全相同，因而造成多个位点的多态性。由于基因组中某一特定的微卫星的侧翼序列通常都是保守性较强的单一序列，根据微卫星的侧翼序列就可以人工合成引物进行 PCR 扩增，从而将单个微卫星位点扩增出来，根据扩增出来片段的大小显示位点的多态性，这就是 SSR 标记。SSR 分子标记技术是建立在 PCR（polymerase chain reaction）基础之上以基因组 DNA 为模板，以一对人工合成特异核苷酸序列为引物，在热稳定的 DNA 聚合酶（Taq 酶）作用下，进行 PCR 扩增。扩增产物经电泳分离、染色后检测多态性。扩增产物的多态性反映了基因组的多态性。

与其他分子标记相比，SSR 标记具有以下优点：①数量丰富，覆盖整个基因组，揭示的多态性高；②具有多等位基因的特性，提供的信息量高；③以孟德尔方式遗传，呈共显性；④每个位点由设计的引物顺序决定，便于不同的实验室相互交流合作开发引物。因而目前该技术已广泛用于遗传图谱的构建、目标基因的标定、指纹图的绘制等研究中。

本实验利用水稻品种指纹鉴定的 SSR 标记，对水稻品种进行相似性鉴定。

[实验用品]

1. 实验材料

不同遗传背景的水稻（*Oiyza sativa*）品种 5～10 份。

2. 实验仪器

离心机、PCR 仪、电泳仪、电泳槽、紫外分光光度计、计算机、脱色摇床、酸度计、凝胶成像仪。

3. 实验药品

CTAB、液氮、氯仿、异戊醇、异丙醇、RNase A、乙酸钠、无水乙醇、dNTP、Tris、盐酸、氯化钾、氯化镁、Taq 酶、矿物油、过硫酸铵、冰醋酸、硝酸银、碳酸钠、甲醛、硫代硫酸钠、聚丙烯酰胺、尿素、TEMED（四甲基乙二胺）。

SSR 引物：选择水稻品种 DNA 指纹鉴定采用的Ⅰ型引物 12 对，标记信息见表 9-30-1。

表 9-30-1 SSR 引物信息

序号	标记名称	染色体	正向引物序列(5′—3′)	反向引物序列(5′—3′)
1	RM297	1	TCTTTGGAGGCGAGCTGAG	CGAAGGGTACATCTGCTTAG
2	RM71	2	CTAGAGGCGAAAACGAGATG	GGGTGGGCGAGGTAATAATG
3	RM85	3	CCAAAGATGAAACCTGGATTG	GCACAAGGTGAGCAGTCC
4	RM5414	4	ACCATGGTTCAAGAGTGAAA	ACAGCTCAACCTGTTGAGTG
5	RM274	5	CCTCGCTTATGAGAGCTTCG	CTTCTCCATCACTCCCATGG
6	RM190	6	CTTTGTCTATCTCAAGACAC	TTGCAGATGTTCTTCCTGATG
7	RM336	7	CTTACAGAGAAACGGCATCG	GCTGGTTTGTTTCAGGTTCG
8	RM72	8	CCGGCGATAAAACAATGAG	GCATCGGTCCTAACTAAGGG
9	RM219	9	CGTCGGATGATGTAAAGCCT	CATATCGGCATTCGCCTG
10	RM311	10	TGGTAGTATAGGTACTAAACAT	TCCTATACACATACAAACATAC
11	RM209	11	ATATGAGTTGCTGTCGTGCG	CAACTTGCATCCTCCCCTCC
12	RM19	12	CAAAAACAGAGCAGATGAC	CTCAAGATGGACGCCAAGA

[实验步骤]

一、总 DNA 的提取

在实验材料中选取 2 个品种，一个作为待测品种，一个作为对照品种，分别提取 2 个品种的总 DNA，DNA 提取采用改良的 CTAB 微量法。

1. 取样研磨

取约 0.1 g 新鲜叶片加入液氮进行研磨，直到将其磨成均匀细粉状，然后将样品移入 1.5 mL 的微量离心管中。

2. 加 CTAB 混合水浴

加入 600～700 μL 2×CTAB(已经加热到 65℃)，彻底混合，在 65℃下温浴 0.5～1 h。

3. 沉淀取上清液

每管加入等体积的氯仿∶异戊醇(24∶1)混合液，完全混匀，然后 10 000 r/min 离心 5 min，小心取上清液，移至新的微量离心管。

重复 2、3 两步，直至上层液比较澄清为止。

4. 沉淀

每管加入 10%体积的 3 mol/L 乙酸钠，再加入 0.6～0.7 倍体积预冷异丙醇，翻转摇匀，于－20℃冰箱放置 30 min 后，10 000 r/min 离心 10 min，弃上清液留下沉淀。

5. 洗涤、溶解

沉淀用 70%的乙醇洗两次，无水乙醇洗一次，晾干后每管用 50 μL 的 TE 液溶解。

二、总 DNA 的检测

用电泳或紫外法进行质量检测。

1. DNA 质量和浓度检测

取 2 μL DNA 于 0.8% 的琼脂糖凝胶上电泳检查，以 λDNA/*Hin*dⅢ为对照，估计所提 DNA 的相对分子质量大小和浓度，观察 DNA 是否降解。

2. 光吸收值 A_{260}、A_{280} 测定

用紫外分光光度计检测稀释 50 倍的 DNA 样品，记录其在 260 nm 和 280 nm 处的光吸收值，根据 A_{260} 可计算 DNA 浓度 c(μg/mL)= A_{260}/0.02。

根据 A_{260}/A_{280} 值确定 DNA 样品的纯度：

$A_{260}/A_{280}=1.8\pm0.1$，表明 DNA 样品较纯；

$A_{260}/A_{280}\leqslant1.6$，表明 DNA 样品含有蛋白质污染，需要重新纯化；

$A_{260}/A_{280}\geqslant2.0$，表明 DNA 样品中有 RNA，需用乙醇重新沉淀样品。

三、PCR 扩增

1. 反应体系

25 μg 反应体系中含：两种引物 0.2 μmol/L，200 μmol/L dNTP，10 mmol/L Tris-HCl (pH 8.3)，50 mmol/L KCl，1.5 mmol/L $MgCl_2$，约 50 ng 模板 DNA，1 U Taq 酶，超纯水补至 25 μL，上覆 20 μL 矿物油。

2. 扩增程序

94℃预变性 5 min，然后 94℃变性 1 min，55℃退火 1 min，再接着 72℃延伸 2 min，共 35 个循环；最后 72℃延伸 5 min。反应终止在 4℃。

四、电泳

1. 胶溶液制备

40% PAGE 贮液 10 mL，加尿素 45 g，5×TBE 20 mL，定容至 100 mL。

2. 制胶(0.4 mm 厚的胶)

取 40 mL 4%PAGE，加入 50 μL 20%过硫酸铵和 60 μL TEMED，快速搅拌灌到玻璃板当中，随即插入样品梳，待胶凝固 1 h 后拔出梳子。

3. 电泳

将玻璃板固定在电泳槽上，加入 1×TBE，预电泳 30 min 后，扩增产物加入 2 μL 6×溴酚蓝-二甲苯青电泳指示剂，然后吸取 1.5 μL 样品上样电泳。待指示剂移动到合适位置取下玻璃板。

五、银染成像

1. 配制溶液

固定液：100 mL 冰醋酸加去离子水定容至 1 L。

银染液：1 g 硝酸银溶于 1 L 去离子水，用前加 1.5 mL 37%甲醛。

显影液：30 g 无水碳酸钠溶于去离子水定容至 1 L(4℃预冷)，用前加入 1.5 mL 37%甲醛和 200 μL 硫代硫酸钠(10 mg/mL)。

2. 银染

去掉带凹槽玻璃板，将带有胶的玻璃板放入固定液中在摇床上摇 20～30 min，取出玻璃板，放入去离子水中在摇床上摇 2 min，重复 3 次。之后放入银染液中在摇床上摇 3 min。取出玻璃

板，在去离子水中快速洗 5～10 s 再放入显影液中，振荡直至条带显色；加入固定液终止反应。

3. 成像记录数据

利用凝胶成像仪将显色的胶扫描成像，或记录条带信息（图 9-30-1、图 9-30-2）。

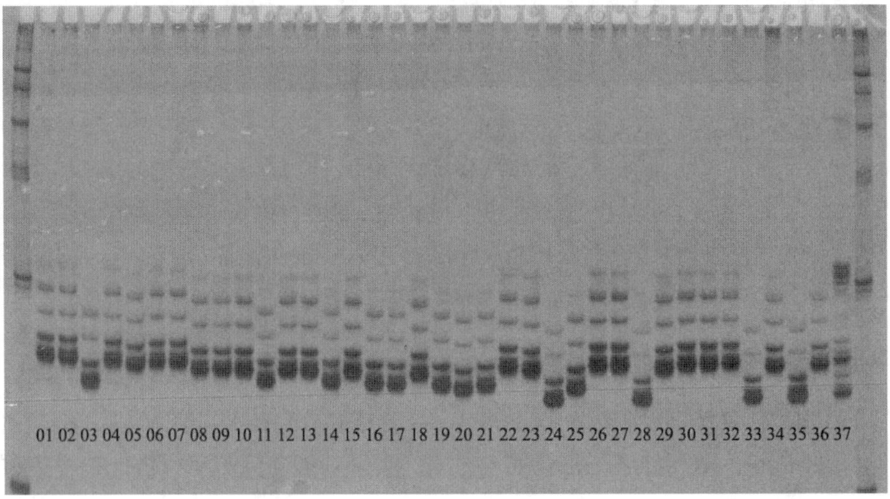

图 9-30-1　RM232 检测图版

（引自全国主要农作物审定品种 SSR 指纹比对平台（水稻）

http://www.ricedata.cn/variety/varmark.htm）

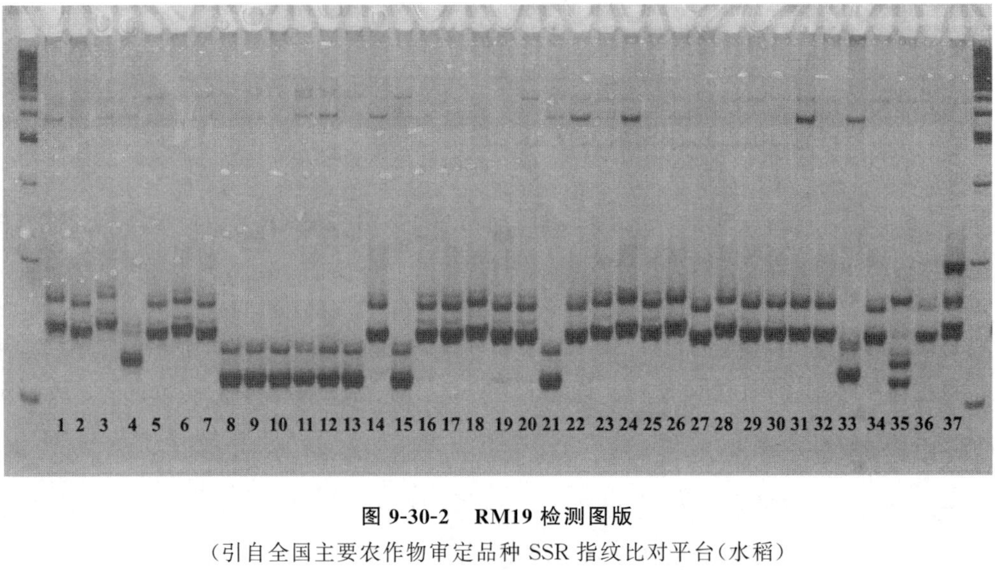

图 9-30-2　RM19 检测图版

（引自全国主要农作物审定品种 SSR 指纹比对平台（水稻）

http://www.ricedata.cn/variety/varmark.htm）

品种编号：1. 嘉育 948　2. 特籼占 25　3. 籼小占　4. 湘早籼 31　5. 粤香占　6. 中鉴 100　7. 舟 903　8. 垦稻 8 号　9. 垦稻 10 号　10. 空育 131　11. 连粳 3 号　12. 辽粳 294　13. 五优稻 1 号　14. 武香粳 14　15. 武育粳 3 号　16. 武育粳 7 号　17. 武育粳 8 号　18. 武育粳 11　19. 秀水 110　20. 扬稻 6 号　21. 豫粳 6 号　22. Ⅱ-32B　23. D62B　24. V20B　25. 博 B　26. 丰源 A　27. 冈 46B　28. 金 23B　29. 龙特浦 B　30. 协青早 B　31. 优 IB　32. 珍汕 97B　33. 中 9B　34. 培矮 64S　35. 香两优 68　36. 多系 1 号　37. 新香优 80

六、结果分析

以谱带中主带作为品种的特征谱带进行比较，将检测结果记录在表 9-30-2 中。

表 9-30-2 各引物的检测结果

序号	引物名称	品种内变异	待测品种与对照品种的差异性		备注
			检测到差异	未检测到差异	
1	RM297				
2	RM71				
3	RM85				
4	RM5414				
5	RM274				
6	RM190				
7	RM336				
8	RM72				
9	RM219				
10	RM311				
11	RM209				
12	RM19				

注：在每个引物待测品种和对照品种相应检测结果处划“O”。

结论：

1. 检测到品种间差异的引物对数>2，判定为“不同品种”；
2. 检测到品种间差异的引物对数=1，判定为“近似品种”；
3. 检测到品种间差异的引物对数=0，判定为“相同品种或极近似品种”。

[注意事项]

1. 所用试剂尽量现用现配，保证实验效果。
2. 提取 DNA 后要检测 DNA 的质量，如果质量不好要进行提纯或重新提取。

[作业及思考]

1. 写出待测品种和对照品种差异性鉴定结果。
2. 常见的分子标记有哪些？各自有什么特点？

实验三十一 植物组织培养技术

[实验目的]

了解植物组织培养的原理，掌握高梁不同外植体的组织培养操作技术。

[实验原理]

植物的组织培养是根据植物细胞具有全能性这个理论，在近几十年来发展起来的一项无性繁殖的新技术。植物的组织培养广义又叫离体培养，指从植物体分离出符合需要的组织、器官或细胞、原生质体等，通过无菌操作，在人工控制条件下进行培养以获得再生的完整植株或生产具有经济价值的其他产品的技术。狭义是指组织培养，指用植物各部分组织，如形成层、薄壁组织、叶肉组织、胚或胚乳等进行培养获得再生植株，也指在培养过程中从各器官上产生愈伤组织的培养，愈伤组织经过再分化形成再生植物。植物组织培养技术可用于离体无性系快速繁殖与无毒化、植物育种、遗传物质的保存、植物次生代谢物的生产和植物基因转化。利用转基因技术改良高粱品种已引起广泛的关注。植物转基因技术通常依赖于植物快捷、高频率再生体系的建立。通过筛选适合体外培养的高粱基因型和优化体外培养条件来建立高效的高粱再生体系，可以为高粱的遗传转化研究奠定基础。

[实验用品]

1. 实验材料

高粱辽甜 3 号的成熟种子。

2. 实验仪器

超净工作台、高压灭菌锅、恒温培养箱、离心机、光照培养箱、pH 计。

3. 实验药品

(1)配制 MS 基本培养基所需药品见表 9-31-1，按照培养基配方准备药品。

(2)材料表面消毒剂：75%乙醇和 0.1% $HgCl_2$。

(3)生长素和细胞分裂素，包括 2,4-二氯苯氧乙酸(2,4-D)，6-苄基嘌呤(6-BA)，萘乙酸(NAA)和激动素(KT)。

[实验步骤]

一、培养基配制

1. 基本培养基母液的配制

按照 MS 培养基成分表 9-31-1，配制基本培养基母液。

表 9-31-1 MS 培养基成分表

MS 培养基母液种类	成分	规定用量/(mg/L)	扩大倍数	称取量/g	母液体积/mL	配制 1 L 培养基吸取量/mL
MS 大量元素	$MgSO_4 \cdot 7H_2O$	370	10	3.7	1 000	100
	$CaCl_2 \cdot 2H_2O$	440		4.4		
	NH_4NO_3	1 650		16.5		
	KNO_3	1 900		19		
	KH_2PO_4	170		1.7		

续表 9-31-1

MS 培养基母液种类	成分	规定用量/(mg/L)	扩大倍数	称取量/g	母液体积/mL	配制 1 L 培养基吸取量/mL
MS 微量元素	$MnSO_4 \cdot 4H_2O$	22.3	100	2.23	1 000	10
	$ZnSO_4 \cdot 7H_2O$	8.6		0.86		
	$Na_2MoO_4 \cdot 2H_2O$	0.25		0.025		
	H_3BO_3	6.2		0.6		
	$CuSO_4 \cdot 5H_2O$	0.025		0.0025		
	KI	0.83		0.083		
	$CoCl_2 \cdot 6H_2O$	0.025		0.0025		
铁盐	$Na_2 \cdot EDTA \cdot 2H_2O$	37.3	100	3.73	1 000	10
	$FeSO_4 \cdot 7H_2O$	27.8		2.78		
MS 有机	肌醇	100	100	10	1 000	10
	烟酸	0.5		0.05		
	维生素 B_6	0.5		0.05		
	维生素 B_1	0.1		0.01		
	氨基乙酸	2.0		0.2		

注：配制时按表中所列顺序逐一添加，每种成分溶解后再溶解另外一种成分。

铁盐的配制方法如下：

(1) 称取 2.78 g $FeSO_4 \cdot 7H_2O$ 溶解 于 400 mL 蒸馏水中(A 液)；

(2) 称取 3.73 g $Na_2 \cdot EDTA \cdot 2H_2O$ 溶解于 400 mL 蒸馏水中(B 液)；

(3) 混合 A 液与 B 液，于微波炉内加热煮沸促进络合，冷却至室温后定容，置棕色瓶内冷藏(4℃)备用。

2. 激素的配制

激素	溶解与配制方法	母液浓度
6-BA	称取 100 mg 6-BA 加 1 mol/L NaOH 溶解，再用蒸馏水定容 100 mL，过滤灭菌	1 mg/mL
NAA	称取 100 mg NAA 加 1 mol/L NaOH 溶解，再用蒸馏水定容 100 mL，过滤灭菌	1 mg/mL
KT	称取 100 mg KT 加 1 mol/L 盐酸溶解，再用蒸馏水定容 100 mL，过滤灭菌	1 mg/mL
2,4-D	称取 100 mg 2,4-D 加少量纯乙醇溶解，再用蒸馏水定容 100 mL，过滤灭菌	1 mg/mL

3. 培养基的配制

取一个 1 000 mL 烧杯，加大量元素 10 倍母液 100 mL，微量元素 100 倍母液 10 mL，铁盐 100 倍母液 10 mL，有机物质 100 倍母液 10 mL。根据培养基配方加入一定量的生长素、细胞分裂素及蔗糖等，然后加水至 1 000 mL，待蔗糖充分溶解后用 1 mol/L 的 NaOH 或 HCl 调酸碱度为 pH 5.8，最后加入琼脂粉，补加蒸馏水至 1 000 mL。把装好培养基的三角瓶放入高压灭菌锅中，设置灭菌参数为121℃，15 min，开始灭菌。

本实验中使用的培养基配方如下：

诱导培养基：MS培养基＋2,4-D 2.0 mg/L＋水解酪蛋白0.3 g/L＋脯氨酸0.5 g/L＋谷氨酰胺0.5 g/L＋蔗糖30 g/L＋琼脂7.6 g/L，pH为5.8。

继代培养基与诱导培养基相同。

分化培养基：MS培养基＋KT 2 mg/L＋6-BA 0.5 mg/L＋NAA 0.25 mg/L＋聚乙烯吡咯烷酮 0.2 mg/L＋山梨醇8 g/L＋蔗糖30 g/L＋琼脂7.6 g/L，pH为5.8。

生根培养基：1/2 MS(MS大量减半，其余不变)基本培养基＋NAA 0.2 mg/L＋蔗糖30 g/L＋琼脂7.6 g/L，pH为5.8。

二、无菌操作方法

(1)用水和肥皂洗净双手，穿上灭菌过的专用实验服、帽子与鞋子，进入接种室。

(2)用70％～75％的酒精擦拭工作台和双手。

(3)用蘸有75％酒精的纱布擦拭装有培养基的培养器皿，放进工作台。

(4)把解剖刀、剪刀、镊子等器械浸泡在75％酒精中，在火焰上灭菌后，放在器械架上备用。

(5)接种时取下接种器械，在火焰上灭菌，待冷却后接种操作。

(6)打开新培养基瓶口，把培养材料放入培养瓶，盖上瓶口。每接一瓶，用具都应用75％酒精棉球擦并在火焰上烧灼，避免交叉污染。

(7)接种注意：达到无菌操作规范，动作熟，切割准确，分布合理，台面洁净。不能说话，以防止污染。

(8)接种结束后，清理和关闭超净工作台。

三、外植体的灭菌和愈伤组织诱导

成熟种子的灭菌与愈伤组织诱导：成熟种子去壳，先在75％的酒精中浸泡1 min，然后用0.1％升汞灭菌10 min，用无菌水冲洗5～6次，将成熟种子接种于诱导培养基上(26±1)℃黑暗培养诱导愈伤组织。

四、愈伤组织的继代和分化

经过2～3周的诱导过后，在幼穗的切口处、幼胚紧贴胚乳处和成熟种子的胚轴部位会形成淡黄色愈伤组织，然后统计形成的愈伤组织块数和接种的外植体数，计算出愈率。出愈率＝愈伤组织块数/外植体数×100％。将分离下来的愈伤组织转接到继代培养基中，置于相同的培养条件下继代培养。每2周更换一次继代培养基。又经过2～3次的继代培养后，挑选生长良好的淡黄色质地紧密的颗粒状愈伤组织接种到分化培养基上，培养温度为(26±1)℃，每天光照9～10 h，光强2 000 lx。待愈伤组织分化出苗后，统计出苗的愈伤组织块数和用于分化的愈伤组织块数，并计算分化率。分化率＝出苗愈伤组织数/接种愈伤组织数×100％。

四、再生苗的生根与移栽

待再生苗长至3～5 cm时转接到生根培养基上生根，培养温度为(26±1)℃，每天光照

9～10 h，光强 2 000 lx。经过 3 周左右的生根培养，再生苗主根长可达 3～5 cm 甚至更长，须根较多，根系比较健壮，可以进行移栽。移栽前为了使再生苗适应外界环境需要进行 3～5 d 的炼苗。

成熟种子的愈伤组织诱导、继代和分化过程见图 9-31-1。

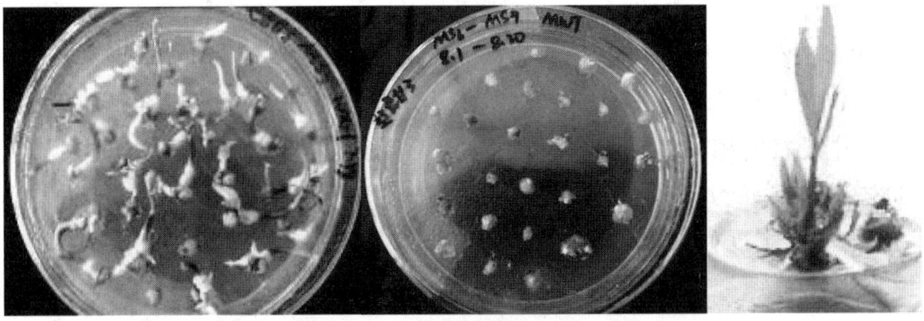

图 9-31-1　高粱辽甜 3 号成熟种子愈伤诱导、继代和分化

[注意事项]

1. 有些高温分解的激素要过滤灭菌。

2. 配制培养基的过程中要注意调节培养基的 pH。

3. 无菌操作时应注意：

(1)在接种前 15～20 min，打开超净工作台的风机及台上的紫外灯。

(2)接种前洗净双手，在缓冲间换好实验服。

(3)上工作台后，用酒精棉球擦拭双手，特别是指甲处。然后 75%酒精喷雾降尘，并擦拭工作台面。

(4)每次接种前，镊子需放入体积分数为 75%的酒精溶液中消毒一次，然后在酒精灯火焰上烧一遍，冷却后再接，外植体在培养基中要分布均匀，放置外植体数量根据培养皿或锥形瓶的大小确定，以充分利用培养基中的营养成分和光照条件。

[作业及思考]

1. 简述培养基配制的基本过程。

2. 统计愈伤组织出愈率和分化率。

3. 选择外植体应考虑哪些因素？

4. 生长素与细胞分裂素在组织培养过程中的作用是什么？

5. 比较各供试品种的不同外植体的组织培养能力。

实验三十二　农杆菌介导的植物遗传转化技术

[实验目的]

学习和掌握基因工程研究中外源基因转化技术的原理与方法，学习水稻转基因的方法。

[实验原理]

土壤农杆菌(*Agrobacterium*)是一种革兰氏阳性菌,有两个种与植物转基因有关,即根癌农杆菌(*Agrobacterium tumefaciens*) 和发根农杆菌(*Grobacterium rhizogenes*)。它们在自然状态下具有趋化性地感染大多数双子叶植物的受伤部位,并诱导产生冠缨瘤或发状根,在离体条件下,可以在不加任何生长素的培养基中持续生长,研究表明根癌农杆菌和发根农杆菌细胞中分别含有 Ti 和 Ri 质粒,上面有一段 T-DNA 区,可以通过一系列过程进入植物细胞并将这一段 T-DNA 插入到植物基因组中,这是农杆菌侵染植物后产生冠缨瘤或发状根的根本原因,因此农杆菌是一种天然的植物遗传转化体系,人们可将所构建的目的基因插入到去除了致瘤基因的 Ti(Ri)质粒的 T-DNA 区,借助农杆菌侵染受体植物细胞后 T-DNA 向植物基因组的高频转移和整合特性,实现目的基因对受体植物细胞的转化,然后通过植物组织培养技术获得转基因再生植株。农杆菌介导法转基因技术的关键是 T-DNA 整合受体植物基因组的过程,这一过程依赖与 Ti 质粒上的 T-DNA 区,和 Vir 区各种基因的表达以及一系列蛋白质和核酸的相互作用。简略地说,其过程是:植物细胞在受伤后细胞壁破裂,分泌高浓度的创伤诱导分子,它们是一些酚类化合物,如乙酰丁香酮(acetosyringone,AS)和羟基乙酰丁香酮(hydroxy-acetosyringone,OH-As)。农杆菌对这类物质具有趋化性,在植物细胞表面发生贴壁现象,继而植物创伤分子诱导农杆菌 Vir 区各种基因的激活和表达,导致 T-DNA 被剪切,加工,形成 T-链蛋白复合体(T-复合体),它通过农杆菌和植物细胞的细胞壁、细胞膜及核膜,最终整合到植物基因组。

[实验用品]

1. 实验材料

农杆菌菌株 EHA105(*Agrobacterium tumefaciens*)。重组 Ti 质粒(含选择性标记基因潮霉素抗性基因 HPT 和目的基因抗除草剂基因 atzA)。

水稻成熟种子。

2. 实验仪器

超净工作台,高压灭菌锅,恒温培养箱,离心机,光照培养箱,pH 计。

3. 实验药品

(1)按照培养基配方准备药品。

(2)材料表面消毒剂:75%乙醇和 0.1% $HgCl_2$。

(4)抗生素:卡那霉素(kan)、头孢霉素(Cef)、潮霉素(Hyg)。

(5)生长素和细胞分裂素,包括 2,4-D,NAA,6-BA 和 KT。

(6)乙酰丁香酮(AS)。

[实验步骤]

一、培养基配制

(1)按照 NB 培养基成分表 9-32-1,配制母液。

表 9-32-1 NB 培养基母液配方

MS 培养基母液种类	成分	规定用量/(mg/L)	扩大倍数	称取量/g	母液体积/mL	配制 1 L 培养基吸取量/mL
大量元素	KNO_3	2 830	20	56.6	1 000	50
	$CaCl_2 \cdot 2H_2O$	166		3.32		
	$MgSO_4 \cdot 7H_2O$	135		2.70		
	KH_2PO_4	400		8.0		
	$(NH_4)_2NO_3$	463		9.26		
微量元素	$MnSO_4 \cdot H_2O$	10	100	1.0	1 000	10
	$ZnSO_4 \cdot 7\ H_2O$	2		0.2		
	$Na_2MoO_4 \cdot 2\ H_2O$	0.25		0.025		
	H_3BO_3	3		0.30		
	$CuSO_4 \cdot 5H_2O$	0.025		0.002 5		
	KI	0.75		0.075		
	$CoCl_2 \cdot 6H_2O$	0.025		0.002 5		
铁盐	$Na_2 \cdot EDTA \cdot 2\ H_2O$	37.3	100	3.73	1 000	10
	$FeSO_4 \cdot 7\ H_2O$	27.8		2.78		
有机	肌醇	100	100	10	1 000	10
	烟酸	10		1		
	维生素 B_6	10		1		
	维生素 B_1	100		10		

(2)乙酰丁香酮(AS)配制方法:称取 0.196 2 g AS 溶解于 10 mL 二甲基亚砜中,分装于 1.5 mL 离心管中,−20℃贮存。

(3)本实验中使用的培养基配方

YM 培养基:KH_2PO_4 0.5 g+麦芽糖 10 g+谷氨酰胺 2 g+NaCl 0.2 g+$MgSO_4$ 0.2 g+酵母膏 0.3 g,加蒸馏水溶解,调节 pH 至 7.0,定容至 1 000 mL。若配制固体培养基加琼脂 15 g/L,高压灭菌后保存。

诱导培养基:NB 培养基+ 2,4-D 2.0 mg/L+ 水解酪蛋白 0.3 g/L+脯氨酸 0.5 g/L+谷氨酰胺 0.5 g/L +蔗糖 30 g/L+琼脂 7.6 g/L,pH 为 5.8。

共培养培养基:NB 基本培养基+2,4-D 2 mg/L + 100 μmol/L AS,pH 5.5。

选择培养基:NB 基本培养基+2,4-D 2 mg/L+cef 500 mg/L+Hyg 50 mg/L+琼脂 7.6 g/L,pH 5.8。

分化培养基:NB 培养基+KT 2 mg/L+6-BA 0.5 mg/L+NAA 0.25 mg/L+蔗糖 30 g/L+琼脂 7.6 g/L,pH 5.8。

生根培养基:NB(大量元素减半,其他不变)+蔗糖 30 g/L+琼脂 7.6 g/L,pH 5.8。

二、水稻转化受体的准备

水稻成熟胚愈伤组织的诱导及培养：去壳的水稻成熟种子先用70%乙醇浸泡0.5～1 min，然后用0.1%升汞浸泡10 min进行表面消毒（最好在摇床上进行），无菌水冲洗3～4次，再将种子放在灭菌滤纸上，吸干水分后放在MS培养基上，26℃避光培养，约15 d左右，剥下成熟胚盾片处长出愈伤组织，转入成熟胚继代培养基上继代培养5～7 d，挑选色泽淡黄的愈伤组织共培养。

三、农杆菌的培养

将转入目标基因的EHA105菌株在含有50 mg/mL Kanamycin的YM平板上划线，28℃黑暗培养3 d，用一金属匙收集农杆菌菌体，将其悬浮于共培养液体培养基中调整菌体浓度至OD_{600}为0.3～0.5，加入AS使其终浓度为100 μmol/L，即为共培养转化水稻用的农杆菌悬浮液。

四、水稻愈伤组织与农杆菌的共培养

将水稻愈伤组织浸泡于农杆菌悬浮液（至少保证有足够的菌液与愈伤组织接触）中，室温放置20 min，并不时晃动。取出愈伤组织，在无菌滤纸上吸去多余菌液，随即转移到铺有几层无菌滤纸的固体共培养培养基上26℃黑暗培养3 d。

五、抗性愈伤组织的筛选

将共培养后愈伤组织放在含有500 mg/L头孢霉素和50 mg/L潮霉素的筛选培养基上，26℃暗培养10～15 d，然后转到新的筛选培养基上继续培养10～15 d。

六、抗性愈伤组织的再生培养

挑选生长旺盛的抗性愈伤组织转移到含有50 mg/L潮霉素的分化培养基上，26℃黑暗培养4 d，然后放在26℃，每天16 h光照培养。

七、生根壮苗培养

当抗性愈伤组织分化出苗后，将小苗移到生根培养基上，培养两周左右。将苗根部和茎叶分化得较完好的瓶子挑出，打开瓶盖，加入适量蒸馏水或无菌水，炼苗3 d左右，然后洗去琼脂，将小苗移栽到花盆，在温室培养。

整个水稻转基因过程见图9-32-1。

[注意事项]

1. 超净台在用之前要紫外灭菌半个小时，使用前用酒精喷壶喷洒酒精，再用棉球擦干净台面。

2. 本实验对无菌操作要求非常严格，所有物品包括手进入超净台时都要用75%酒精擦拭。

3. 使用超净台里的酒精时，注意安全，不要烧伤自己或他人。

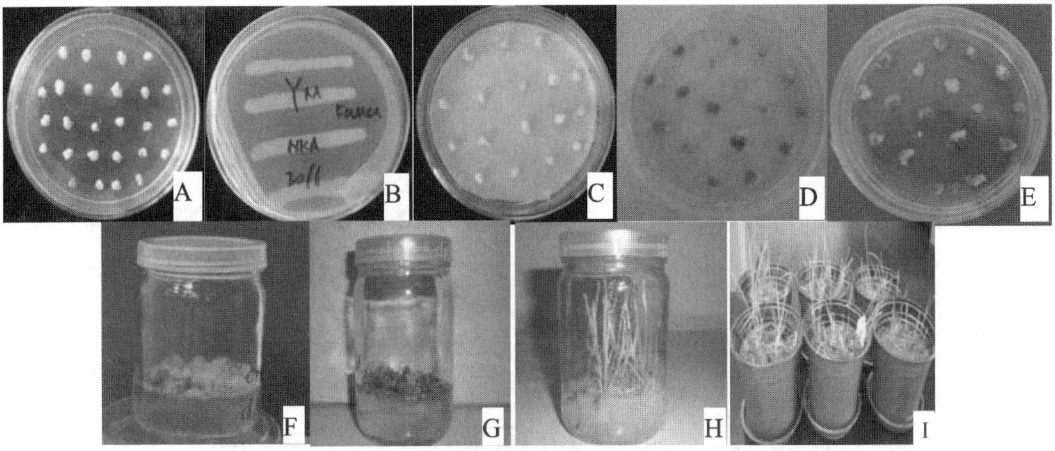

图 9-32-1　水稻基因转化

A. 继代了 4 d 的愈伤组织　B. 在 YM 培养基上划菌　C. 共培养　D. 第一轮抗性筛选
E. 第二轮抗性筛选　F. 抗性愈伤组织分化出绿点　G. 抗性愈伤组织在分化培养基上再生出小苗
H. 转基因植株在生根培养基上　I. 转基因植株移栽到温室

[作业及思考]

1. 统计抗性绿苗分化率。

2. 根癌农杆菌介导的水稻遗传转化的基本步骤有哪些？

3. 根癌农杆菌介导的水稻遗传转化中使用的共培养培养基和选择培养基的作用分别是什么？

4. 为什么要在共培培养基中加入乙酰丁香酮？

5. 根癌农杆菌介导的植物遗传转化有哪些优缺点？

6. 哪些措施可以提高根癌农杆菌介导的转化效率？

附　　录

附录1　常见动植物染色体数目

附表1　植物的染色体数目

植物	染色体数($2n$)	植物	染色体数($2n$)	植物	染色体数($2n$)
粮食作物					
水稻	24	玉米	20	荞麦	42
普通小麦	42	高粱	20	燕麦	16
大麦	14	粟	18	马铃薯	48
黑麦	14	黍	36	甘薯	90
蚕豆	12	豌豆	12	绿豆	22
红小豆	22				
油料作物					
花生	40	白菜型油菜	20	向日葵	34
大豆	40	芥菜型油菜	36	蓖麻	20
甘蓝型油菜	38	芝麻	26	油茶	30
文冠果	34	小葵子	30	油莎豆	108
纤维作物					
陆地棉	52	草棉	26	商麻	30,32,60
海岛棉	52	大麻	20	棕榈	42
中棉	26	洋麻	36	亚麻	14
黄麻	120,60	剑麻	36		
特用作物					
烟草	48	甘蔗	80	甜菜	18
茶	30	瓜尔豆	14		
橡胶	144,36,72				
蔬菜作物					
葱	16	丝瓜	26	石刁柏	20
蒜	16	苦瓜	22	甘蓝	18
洋葱	16	黄瓜	14	球茎甘蓝	18
韭菜	32	冬瓜	24	花椰菜	18
印度南瓜	40	荠菜	16	雪里蕻	36

续附表 1

植物	染色体数(2n)	植物	染色体数(2n)	植物	染色体数(2n)
瓠瓜	22	芋	28,42	胡萝卜	18
葫芦	22	黄花菜	22,23	芜菁	20
西葫芦	40	菠菜	12	白菜	20
豇豆	22	芹菜	22	茴香	22
菜豆	22	柿子椒	24	番茄	24
扁豆	22	慈姑	22	茄子	24
莴苣	18	刀豆	22,24	辣椒	24
山药	140～144	蛇豆	22	茭白	34
姜	22	萝卜	18	苋菜	34
瓜果作物					
甜瓜	24	苹果	34	柠檬	18,36
西瓜	22	樱桃	32	金橘	18,36
桃	16	柿	90	枣	24
李	16	海棠	34	石榴	16,18
梅	16	柚	18	枇杷	34
杏	16	橘	18	无花果	26
梨	34	橙	18,36	葡萄	38,57,76
番木瓜	18	龙眼	30	猕猴桃	约 116
菠萝	50,75,100	榧子	22	椰子	32
荔枝	28,30				
药用作物					
百合	24	党参	16	黄芪	16
芍药	10	地黄	28	薏苡	20
牡丹	20	贝母	24	砂仁	48
人参	40	当归	22	杜仲	34
曼陀萝	24	嘉蓝	20	天门冬	18
银杏	24				

附表 2　动物的染色体数目

动物	染色体数(2n)	动物	染色体数(2n)	动物	染色体数(2n)
人	46	蜜蜂	32♀16♂	绵羊	54
金丝猴	44	海胆	36	瘤牛	60
猕猴	42	海鞘	28	犏牛	60
黄牛	60	鲤鱼	104	小白鼠	40
水牛	48	大麻哈鱼	74	大白鼠	42
牦牛	60	草鱼	48	金地鼠	44
猪	40	普通蛙	60	水貂	30
犬	78	团头鲂	52	蚊子	6
猫	38	金线蛙	26	果蝇	8
袋鼠	20	马	64	马蛔虫	4
家蝇	12	驴	62	剑水蚤	4
佛蝗	24♀23♂	山羊	60	文昌鱼	24

续附表 2

动物	染色体数(2n)	动物	染色体数(2n)	动物	染色体数(2n)
鲫鱼	94	兔	44	蚯蚓	32
鳙鱼	48	家鸽	约 80	河虾	116
河鲑	24	鸡	约 78	泥鳅	12
褐鳟	80	火鸡	约 80	狗鱼	18
蝾螈	24	鸭	约 80	鲢鱼	48
鳄	32	鸽	80	虹鳟	60
鹿	14	家蚕	56	茴鱼	102
豚鼠	64	淡水水螅	32	黑斑蛙	26
蛇	36	蟾蜍	22	蝗虫	24

附录 2 χ^2 值表

附表 3 χ^2 值

df \ P	0.995	0.9	0.5	0.1	0.05	0.01	0.005
1	0.000	0.016	0.455	2.706	3.841	6.635	7.879
2	0.010	0.211	1.386	4.605	5.991	9.210	10.597
3	0.072	0.584	2.366	6.251	7.815	11.345	12.838
4	0.207	1.064	3.357	7.779	9.488	13.277	14.860
5	0.412	1.610	4.351	9.236	11.070	15.086	16.750
6	0.676	2.204	5.348	10.645	12.592	16.812	18.548
7	0.989	2.833	6.346	12.017	14.067	18.475	20.278
8	1.344	3.490	7.344	13.362	15.507	20.090	21.955
9	1.735	4.168	8.343	14.684	16.919	21.666	23.589
10	2.156	4.865	9.342	15.987	18.307	23.209	25.188
11	2.603	5.578	10.341	17.275	19.675	24.725	26.757
12	3.074	6.304	11.340	18.549	21.026	26.217	28.300
13	3.565	7.042	12.340	19.812	22.362	27.688	29.819
14	4.075	7.790	13.339	21.064	23.685	29.141	31.319
15	4.601	8.547	14.339	22.307	24.996	30.578	32.801
16	5.142	9.312	15.338	23.542	26.296	32.000	34.267
17	5.697	10.085	16.338	24.769	27.587	33.409	35.718
18	6.265	10.865	17.338	25.989	28.869	34.805	37.156
19	6.844	11.651	18.338	27.204	30.144	36.191	38.582
20	7.434	12.443	19.337	28.412	31.410	37.566	39.997
21	8.034	13.240	20.337	29.615	32.670	38.932	41.401

续附表 3

df \ P	0.995	0.9	0.5	0.1	0.05	0.01	0.005
22	8.643	14.042	21.337	30.813	33.924	40.289	42.796
23	9.260	14.848	22.337	32.007	35.172	41.638	44.181
24	9.886	15.659	23.337	33.196	36.415	42.980	45.558
25	10.520	16.473	24.337	34.382	37.652	44.314	46.928
26	11.160	17.292	25.336	35.563	38.885	45.642	48.290
27	11.808	18.114	26.336	36.741	40.113	46.963	49.645
28	12.461	18.939	27.336	37.916	41.337	48.278	50.993
29	13.121	19.768	28.336	39.088	42.557	49.588	52.336
30	13.787	20.599	29.336	40.256	43.773	50.892	53.672
31	14.458	21.434	30.336	41.422	44.985	52.192	55.003
32	15.135	22.271	31.336	42.585	46.194	53.486	56.329
33	15.816	23.110	32.336	43.745	47.400	54.776	57.649
34	16.502	23.952	33.336	44.903	48.602	56.061	58.964
35	17.192	24.797	34.336	46.059	49.802	57.342	60.275
36	17.887	25.643	35.336	47.212	50.998	58.619	61.582
37	18.586	26.492	36.335	48.363	52.192	59.893	62.884
38	19.289	27.343	37.335	49.513	53.384	61.162	64.182
39	19.996	28.196	38.335	50.660	54.572	62.428	65.476
40	20.707	29.051	39.335	51.805	55.758	63.691	66.766
41	21.421	29.907	40.335	52.949	56.942	64.950	68.053
42	22.139	30.765	41.335	54.090	58.124	66.206	69.336
43	22.860	31.625	42.335	55.230	59.304	67.460	70.616
44	23.584	32.487	43.335	56.369	60.481	68.710	71.893
45	24.311	33.350	44.335	57.505	61.656	69.957	73.166
46	25.042	34.215	45.335	58.641	62.830	71.202	74.437
47	25.775	35.081	46.335	59.774	64.001	72.443	75.704
48	26.511	35.949	47.335	60.907	65.171	73.683	76.969
49	27.250	36.818	48.335	62.038	66.339	74.920	78.231
50	27.991	37.689	49.335	63.167	67.505	76.154	79.490
60	35.53	46.46	59.33	74.40	79.08	88.3	91.95
70	43.28	55.33	69.33	85.53	90.53	100.42	104.22
80	51.17	64.28	79.33	96.58	101.88	112.33	116.32
90	59.20	73.29	89.33	107.56	113.14	124.12	128.30
100	67.33	82.36	99.33	118.50	124.34	135.81	140.17

附录3　显微镜的结构和使用方法

1. 显微镜的基本结构

显微镜是观察研究细胞染色体所必需的仪器。显微镜中部有一弯曲的柄，称镜臂，基部为镜座。镜座上的短柱叫镜柱。镜臂基部有一个方形或圆形的平台，是载物台。台的中央有一圆孔，可通过光线。两侧有压片夹，用以固定玻片标本。现代的显微镜具有镜台 X-Y 驱动器，用以固定和移动标本。在圆孔的下面，有一片或数片透镜所组成的聚光器，具有集中照射光线于物体的作用。聚光器附有一组由金属片组成的可变光阑，其侧面伸出一杠杆，可前后移动使光阑开闭。光阑开大则光线较强，适于观察颜色深的物体；光阑缩小则光线较弱，适于观察透明（或无色）的物体。

在聚光镜下方有反光镜，可将光线反射至聚光器。此镜一面平，一面凹。凹面具有较强的反光性，多用于光线较暗的情况下；光线较强使用平面镜即可。内光源显微镜的光源位于镜座靠后方，在镜座右侧有光源按钮，此按钮可前后移动，使光阑开闭，用以调节光线的强弱。在载物台的圆孔上方，有一附于镜柄上端圆筒称为镜筒，其上下两端附有镜头。现代显微镜一般有两个镜筒。镜筒上端有目镜，有高倍和低倍之分，较长的是低倍，一般放大 5 倍或 6 倍，较短的是高倍，一般放大 10 倍、12 倍或 15 倍。镜筒下端有可旋转的圆盘叫旋转器，下面附有 2～4 个接物镜（物镜）以螺旋旋入旋转器。接物镜也有高低倍之分，较短的是低倍，一般放大 10 倍；较长的是高倍，一般放大 40 倍、45 倍、60 倍。油物镜放大 90 倍或 100 倍。显微镜的放大倍数是接目镜的放大倍数与接物镜的放大倍数的乘积。镜壁上有粗、细调焦器。现代的显微镜粗、细调焦器常组合在一起，外周粗的螺旋为粗调焦器，中央细的为细调焦器。用调焦器调焦点。粗调焦器升降镜筒较快，用于低倍镜调焦；细调焦器升降镜筒较慢，用于高倍镜调焦。

2. 显微镜的使用方法

将显微镜摆在一个固定而平稳的工作台上，显微镜距台沿的距离至少等于一个横放着的拳头的宽度。使镜臂反向着自己，摆好显微镜。转动粗调焦器，把镜筒向上提起。转动物镜转换器（旋转器），使低倍接物镜对准载物台的圆孔。二者相距 2～3 cm，两眼对着双筒接目镜观察。打开可变光阑，用手转动反光镜，使它正对着光源，但不可对直射的阳光。当视野（即从镜内看到的圆形部分）呈现一片均匀的白色时即可。如为内光源显微镜，打开光源按钮，向前后移动按钮，调节光线的强弱至适宜强度。

将观察对象（如玻片）放在载物台上，用压片夹固定。转动粗调焦器，使镜筒下降至低倍物镜距玻片 5 mm 左右为度。然后利用目镜观察，转动粗调焦器，提升镜筒，至视野内的物像清晰为止，同时调节可变光阑使光线至适宜强度。

低倍物镜观察后转到高倍物镜下观察。首先在低倍镜下调好焦距后，可直接转换高倍物镜。转换物镜时，不能用两指卡着物镜的“腰”转，这样易使物镜的光轴倾斜，而应当转动旋转器，将镜头扳到位，镜头扳到位的时候，会听到“咔嗒”一声响。

油镜的使用：首先在高倍物镜（40 倍）下调好焦距，将要观察的标本某部分移至视野的正中心。然后，转动旋转器移开物镜，在盖片上视野中央的位置滴一滴香柏油或其他浸润油，再将油镜移至该处，使前透镜与油滴接触。调焦以得到一个清晰的影像。切换镜头时要十分小心，因为油镜的工作距离(指物镜前透镜到被检物体表面之间的距离)很小，仅 0.18 mm 左右，不小心则可能毁坏标本或镜头。用完油镜后必须立即清洁。其方法是将油镜移至旁边，用擦镜纸蘸少许二甲苯(或乙醚乙醇混合液，乙醚∶乙醇＝7∶3)轻轻拭去镜头上的浸油，弃去；再换一张干净的擦镜纸擦拭。注意，不要太用力。通常将香柏油与二甲苯装在双层瓶中，香柏油装在上层，二甲苯装在下层。

许多同学平时都佩戴眼镜，观察时最好摘了眼镜用“两眼”观察。

用完显微镜，要将载物台调到最低，将反光镜直立起来，罩上防尘罩，放入干燥的柜子中收藏。

附录 4　染色体标本制备方法

染色体制片的方法可分为切片(section method)、涂片(smear method)、压片(squash method)等。早期染色体制片主要采用切片法，将固定的动植物材料通过脱水、染色、包埋等程序，包裹在石蜡等介质中，再用切片机切成薄片进行观察。这种方法程序繁琐，且易造成染色体丢失，目前多不使用。目前常用的染色体制片法是涂片法与压片法。涂片法是将经某种处理的动植物组织直接涂布在载玻片上，或制成细胞悬液涂布于载玻片上的方法；而压片法是将组织置于盖、载玻片之间，施加一定的压力将细胞分散。制片的程序一般包括取材、预处理、固定、解离、染色、涂/压片(如果所得的临时制片理想，还可将此制成永久片)几个步骤。

一张良好的染色体制片，应当细胞重叠较少，分散良好；具有较多的分裂相；染色体着色深而细胞质染色较浅(这样不仅便于观察，也便于摄影)；对用于核型分析的制片，则要求染色体分散良好，染色体之间没有或较少重叠，染色体臂没有断裂；而巨大唾腺染色体则要求几条臂能分散良好。制片必须尽可能压平，用高倍镜观察时，对“平整”的要求更高。

临时制片最多只能保持几天。要将结果永久地保留下来，就得将它做成永久片。在将临时片制成永久片前，最好能将你所需要的实验结果先拍摄下来，以免造成不可挽回的损失。

永久片的制备方法很多。现介绍以下几种方法。

1. 酒精-叔丁醇脱水封片法

配制 4 种溶液：①45％醋酸∶95％酒精＝1∶1。②95％叔丁醇。③95％乙醇∶叔丁醇＝1∶1。④叔丁醇。分别盛在编号为 1～4 的 4 个培养皿中。用油性的记号笔在临时片盖玻片边沿划一道线，此线一半在盖片上，一半在载片上。

将临时片的盖玻片那面朝下，倾斜放在 1 号培养皿中，一端搁在培养皿的边沿。让盖片自然脱落。然后用镊子夹取盖玻片与载玻片，分别经过 2～4 号培养皿。在每个培养皿中分别浸泡 5 min 左右，取出。用滤纸吸出玻片上多余的溶剂，在载玻片的中央滴 1～2 滴树胶，将盖玻片沿原来画的线，盖回原处。封片后平放，晾干，贴上标签。注明材料、制片者及制片日期。

2. 冷冻脱片封片法

制成的临时玻片可以直接放到液氮或冰冻制冷器中进行冷冻，然后用刀片插入盖片和载片之间的一角，轻轻将盖片揭开，将载片和盖片同时放入 37℃的烘箱中烘干。取出后在二甲苯中浸泡 10～20 min，最后用中性树胶封片即可。此法的特点是简便易行，特别适合某些材料容易脱落的制片。

3. 醋酸-正丁醇和二甲苯封片法

用冷冻法揭片后，按如下顺序进行脱水：1份正丁醇和1份冰醋酸，0.5 min；2份正丁醇和2份冰醋酸，0.5 min；9份正丁醇和1份冰醋酸，0.5 min；正丁醇，0.5 min；正丁醇，0.5 min；二甲苯，几秒。

最后用加拿大树胶或中性胶封片。

附录5　实验室一般药液的配制

1. 质量百分比浓度

100 g溶液中含有溶质的克数，称为质量百分比浓度，也称重量-重量百分浓度[溶质重量(*w*)/溶液重量(*w*)]。其数学表示式为：

$$质量百分比浓度(w/w)=\frac{溶质质量(g)}{溶质质量(g)+溶剂质量(g)}\times 100\%$$

(1)用固体试剂配制(以重量计)，算式如下：

所需固体试剂质量＝配制溶液的质量百分比浓度×溶液质量

所需溶剂质量＝溶液质量－溶质质量

例：欲配16%NaCl溶液250 g，需NaCl多少克？加水多少克？

配制：所需NaCl质量(g)＝16%×250＝40(g)

所需溶剂(水)质量(g)＝250－40＝210(g)

由于水的比重为1，水的克数约等于其毫升数，故用水为溶剂时不必称重，直接量取与克数相当的毫升数即可。即称取40 g NaCl，加210 mL水，溶解搅匀后即可。

(2)用液体试剂配制(以体积计)，算式如下：

$$V_2=\frac{d_1V_1P_1}{d_2P_2}$$

P_1、V_1、d_1 分别表示配制溶液的质量百分比浓度、体积和比重；

P_2、V_2、d_2 分别表示原液体浓试剂的质量百分比浓度、所需体积和比重。

例：配制10%(比重1.08)KOH溶液1 000 mL，需要40%(比重1.41)的KOH溶液多少毫升？

配制：

$$V_2=\frac{1.08\times 1\,000\times 10\%}{1.41\times 40\%}=191(mL)$$

量取191 mL 40%KOH溶液，缓缓倒入809 mL水中即可。

2. 体积百分比浓度

100 mL溶液中含有溶质的克数，称为体积百分比浓度，也称重量-体积百分浓度(溶质重量(*w*)/溶液体积(*V*))。其数学表示式为：

$$体积百分比浓度(w/V)=\frac{溶质质量(g)}{溶液体积(mL)}\times 100\%$$

(1)用固体试剂配制(以重量计)，算式如下：

所需固体试剂重量(g)＝配制溶液的体积百分比浓度×溶液体积(mL)

例：欲配制 10%KI 溶液 100 mL，需 KI 多少克？

配制：所需 KI=10%×100=10(g)

称取 10 g KI，溶于适量水中，再加水稀释至 100 mL 即可。

(2)用液体试剂配制(以体积计)，算式如下：

$$V_2=\frac{V_1P_1}{d_2P_2}$$

V_2—所需液体试剂的体积(mL)；

V_1—配制溶液的体积(mL)；

P_1—配制溶液的体积百分比浓度；

P_2—液体试剂的质量百分比浓度；

d_2—液体试剂比重。

例：配制体积百分比浓度为 5%氨水 50 mL，需用市售的 28%浓氨水(比重 0.903)多少毫升？

配制：

$$V_2=\frac{50\times5\%}{0.903\times28\%}=9.9(\text{mL})$$

量取 9.9 mL 28%浓氨水，加水至 50 mL 即可。

3.体积摩尔(M)浓度

是指 1 L 溶液中所含溶质的摩尔数，用符号 M 表示，M=溶质的量(mol)/溶液的体积(L)。

(1)用固体试剂配制，算式如下：

$$M_{质}=M\times m\times V$$

$M_{质}$—所需溶质的质量(g)；

M—配制溶液的摩尔浓度；

V—配制溶液的体积(L)；

m—溶质的摩尔质量。

例：配制 2M Na_2CO_3 溶液 500 mL，需 Na_2CO_3 多少克？(Na_2CO_3 相对分子质量为 106)

配制：$M_{质}=2\times106\times0.5=106(\text{g})$

称取 106 g Na_2CO_3，加适量水溶解后，再稀释至 500 mL 即可。

(2)用液体试剂配制，算式如下：

$$V_2=\frac{MV_1m}{P_2d}$$

V_2—所需液体试剂的体积(mL)；

V_1—配制溶液的体积(L)；

M—配制溶液的摩尔浓度；

m—液体试剂中溶质的摩尔质量；

P_2—液体试剂的质量百分比浓度；

d—液体试剂的比重。

例：配制 2 M 的硫酸 250 mL，需 95%浓硫酸(比重为 1.83)多少毫升？(硫酸摩尔质量为 98)

配制：

$$V_2=\frac{2\times0.25\times98}{95\%\times1.83}=28.2(\text{mL})$$

量取 28.2 mL 浓硫酸，在不断搅拌下缓缓倒入适量水中，冷却后，加水稀释至 250 mL 即可。

4. 当量(N)浓度

是指在 1 L 溶液中所含溶质的克当量数，用符号 N 表示，N=溶质的克当量数/溶液体积(L)。

(1)用固体试剂配制，算式为：

$$M_{质}=N\times V\times E$$

$M_{质}$—所需溶质的质量(g)；

N—配制溶液的当量浓度；

V—配制溶液的体积；

E—溶质的克当量，E=分子量/n；

N—在酸碱反应中，表示给出或接受 H^+ 的个数，在沉淀反应中，指沉淀离子的总价数；在氧化还原反应中，表示在反应中得到(或失去)电子总数。

例：欲配制 0.1 N 氢氧化钠 500 mL，需氢氧化钠多少克？(NaOH 的分子量为 40)

配制：$E=40/1=40$

$M_{质}=0.1\times0.5\times40=2(\text{g})$

称取 2 g NaOH，加适量水溶解后稀释至 500 mL 即可。

(2)用液体试剂配制，算式如下：

$$V_2=\frac{NV_1E}{P_2d}$$

V_2—所需液体试剂的体积(mL)；

V_1—配制溶液的体积(L)；

N—配制溶液的当量浓度；

E—液体试剂中溶质的克当量；

P_2—液体试剂的质量百分比浓度；

d—液体试剂的比重。

例：欲配制 2 N 的 H_2SO_4 250 mL，需 95%浓硫酸(比重为 1.83)多少毫升？

配制：$E=98/2=49$

$$V_2=\frac{2\times0.25\times49}{95\%\times1.83}=14.1(\text{mL})$$

量取 14.1 mL 95%浓硫酸，在不断搅拌下缓缓倒入适量水中，冷却后加水稀释至 250 mL 即成。

5. 各种浓度酒精的配制

如用 95%酒精作为母液配制 70%酒精，可取 95%酒精 70 mL，加蒸馏水至 95 mL 即可。

$$\text{所需浓度为}(70\%)=\frac{\text{酒精体积}}{\text{溶液体积}}=\frac{70\times95\%}{70+25}$$

如用 70%酒精配 50%酒精，可取 70%酒精 50 mL，加水至 70 mL 即可。其余各种浓度都可按此法配制。

6. 盐酸配制

所需浓度	盐酸质量密度		加蒸馏水至体积/mL
	1.19	1.16	
0.1 mol/L	6.25 mL	9.83 mL	1 000
0.2 mol/L	16.25 mL	19.66 mL	1 000
1 mol/L	82.15 mL	98.30 mL	1 000

7. 固定液配制

比较常用、有效的固定液是 Carnoy 固定液，它是由 Carnoy 于 1886 年发明使用的。

Carnoy Ⅰ：	冰醋酸	1 份
	纯酒精	3 份
Carnoy Ⅱ：	冰醋酸	1 份
	氯　仿	3 份
	纯酒精	6 份

配方Ⅰ应用最为广泛，配方Ⅱ常应用于某些含油脂类物质较多的材料以及某些需要更加硬化的组织的固定。

8. 无钙镁离子的平衡盐溶液（CMF）配制

NaCl	8 g	Na_2HPO_4	0.073 g
KCl	0.20 g	葡萄糖	2.00 g
KH_2PO_4	0.02 g	酚红	0.02 g

溶于 1 000 mL 水中。

9. EDTA 溶液配制

又称 Versene，一般用其钠盐，因它的可溶性较好。有些组织需要 Ca^{2+}，Mg^{2+} 来保持其完整性，用 EDTA 来排除这些离子，可使细胞之间裂解，达到分散细胞的目的。它的作用比 Trypsin 缓和。使用的浓度为 0.02%，用 CMF（无 Ca^{2+}，Mg^{2+}）液配制。

实验室内常用 Trypsin 和 EDTA 联合使用。提高消化效率，并减少死细胞数，而且细胞分散情况有很大的改善。EDTA 不被血清抑制，所以必须彻底清洗，否则细胞脱落。EDTA 对成纤维细胞作用很差。

10. RPM1 640 的配制

称取 RPM1 640 粉 6.24 g，将其溶于 600 mL 灭菌后的三蒸水中，加入 4.0 g/L 的酚红 0.8 mL，此时溶液呈樱红色，通入 CO_2 气体使 pH 降至 6.5 左右，此时溶液呈橘黄色。RPM1 640 全部溶解时溶液无色透明。测试 pH 值，以 3%～5% $NaHCO_3$ 调 pH 至 7 左右，经酸度计测定 pH 7.1～7.2 为宜。经 G6 漏斗抽滤分装到 100 mL 的锥形瓶中，每瓶 80 mL，－20℃下保存备用。

11. 磷酸缓冲液配制

M/15 磷酸二氢钾溶液：用蒸馏水溶解磷酸二氢钾（KH_2PO_4）9.078 g，然后加蒸馏水至 1 000 mL。

M/15 磷酸氢二钠溶液：用蒸馏水溶解磷酸氢二钠（Na_2HPO_4）9.465 g，然后加蒸馏水至

1 000 mL。

临用时，上述两种溶液按下列表中比例混合即得合适的 pH。

mL

pH	M/15 Na_2HPO_4	M/15 KH_2PO_4
5.29	2.5	97.5
5.59	5.0	95.0
5.91	10.0	90.0
6.24	20.0	80.0
6.47	30.0	70.0
6.64	40.0	60.0
6.80	49.0	51.0
6.98	60.0	40.0
7.2	72.6	27.4
7.38	80.0	20.0
7.73	90.0	10.0
8.04	95.0	5.0

附录 6　染色液的配制

1. 醋酸洋红染色液

配方(Ⅰ)：将 100 mL 45%醋酸放于锥形瓶或短颈平底烧瓶(200 mL)中煮沸，移去火，缓缓加入 1 g 洋红粉末，注意防溅。待投入后再煮 1～2 min，此时可悬入一生诱铁钉于染液中，过 1 min 取出，使染液略具铁质，静止 12 h 后过滤于一棕色瓶中，贮存备用。

配方(Ⅱ)：取 45 mL 冰醋酸加入 55 mL 蒸馏水中，加热至沸，移去火源，徐徐加入 2 g 洋红粉末再加热至沸 1～2 min，冷却后加入几滴 2%的铁矾(硫酸铁铵)，过滤后藏于棕色瓶中。

注：洋红(carmine)：是从胭脂虫(*Coccus cacti*)的雌虫中直接提取出的一种染料，为非结晶性的紫褐色物质。但因所用的种类不同，洋红的品质也极不稳定。

2. 醋酸地衣红

配方(Ⅰ)：同醋酸洋红配方(Ⅱ)，但不必加入铁矾。

配方(Ⅱ)：(用于根尖整体染色)。

原液：2%的醋酸地衣红，配法同配方(Ⅰ)。

A 液：10 mL 2%地衣红 1 mL 1 mol/L HCl。

B 液：10 mL 2%地衣红＋10 mL 45%醋酸。

注：原液可预先配制，A、B 两液现用现配。

3. 锡夫试剂

这是孚尔根反应(Feulgen reaction)的染色剂，是孚尔根(Feulgen)和罗斯恩贝克(Rossonbeck)于 1924 年创用的一种鉴别细胞中 DNA 的组织化学方法。它的基本原理是细胞经过温和的酸水解作用，使核糖核酸(RNA)除去而保留去氧核糖核酸(DNA)，同时将 DNA 上的嘌呤-去氧核糖的糖苷键上的嘌呤除去，从而使去氧核糖的醛基游离，而这些游离的醛基再与去色的碱性品红反应形成紫红色的加成复合物。

锡夫试剂的配方如下：

溶解 0.5 g 碱性品红结晶于 100 mL 煮沸的重蒸水中，搅动使溶解，冷却至 58℃，过滤于一棕色试剂瓶中，待滤液冷至 26℃再加 10 mL 1 mol/L HCl 和 0.5 g 偏亚硫酸钾或偏亚硫酸钠，振摇使溶解，密封瓶口，置于黑暗和低温处，12～24 h 后检查，如果染色液透明无色或呈淡茶色，即可应用；如仍有不同程度的红色未褪去，则可加入 0.5 g 优质活性炭，不断振摇，在低温(4℃)下静置过夜，过滤后即可使用。

锡夫试剂染色法的优点是只对核及染色体染色且颜色比较均匀一致而清爽。组织软化较好，易于压片。缺点是染色体一般较柔软，压片时不易分散而容易相互缠绕，尤其是巨大染色体的植物更是如此。所以，对于这类植物必须使染色体缩到很短，才能获得分散而优良的压片。

4. Giemsa 原液

Giemsa 染粉 1 g，甘油(AR)33 mL，甲醇(AR)45 mL。配制时，将染粉倾入乳钵，加几滴甘油，在乳钵内研磨直至无颗粒为止。再将剩余的甘油倒入并伴随研磨搅拌均匀，放入 56℃水浴锅中保温 90 min 后，加入甲醇搅匀，热过滤，装入棕色瓶中保存，作为原液。用时以磷酸缓冲液(pH 7.4)1∶10 稀释。

5. 醋酸大丽紫

取 30 mL 冰醋酸加入 70 mL 蒸馏水中，加热至沸，再加入 0.75 g 大丽紫搅动，冷却过滤，贮藏于棕色瓶中。

6. 铁矾-苏木精染液

A 液：将 0.5 g 苏木精溶于 100 mL 蒸馏水中(也可配成 2%苏木精母液，用时稀释)。经 1～2 个月后方可使用，如果急用可在溶液中加 0.1 g 碘酸钠，溶解后即可使用。

B 液：将 4 g 铁矾(硫酸铁铵)溶于 100 mL 蒸馏水中，用前现配。

以上两液染色前混合后使用。

注：苏木精是一种从墨西哥的豆科植物洋苏木的心材中提取到的天然染料。其本身对植物组织和细胞的亲和力不强，因此不能直接用来染色。它必须依靠媒染剂的作用才能对细胞染色，最常用的媒染剂是硫酸铁铵和硫酸铝铵等盐类。苏木精染色的最大特点是适用范围广，几乎所有植物都可用它染色，着色力强，颜色的保存性好。

7. 醋酸-铁矾-苏木精液

配方(Ⅰ)：0.5 g 苏木精溶于 100 mL 45%的冰醋酸中，使用前取 3～5 mL，用 45%冰醋酸稀释 1～2 倍，加入铁矾饱和液(溶于 45%醋酸中)1～2 滴，染液即由棕黄变为紫色，立即使用，不能保存。

配方(Ⅱ)：

A 液：苏木精 1 g，50%冰醋酸 100 mL。

B 液：铁矾 0.5 g，50%冰醋酸 100 mL。

以上两液可长期保存，用前等量混合，每 10 mL 混合液中加入 4 g 水合三氯乙醛(加速氧化)，充分溶解，摇匀存放一天后使用，此液只能存放 1 个月，2 周内效果最好，故不宜多配。

8. 乳酸-醋酸-地衣红染液

A液：饱和地衣红(orcein)乳酸溶液(约2 g地衣红+100 mL乳酸，加热，谨防沸腾)，充分分解后过滤。

B液：饱和地衣红(orcein)冰醋酸溶液(约2 g地衣红+100 mL冰醋酸，加热，谨防沸腾)，充分分解后过滤。

1份A液+1份B液+1份蒸馏水充分混合后在棕色瓶中保存备用。

9. 石碳酸-品红染色液(卡宝品红-Carbol fuchsin)

配方(Ⅰ)：

原液A：3 g碱性品红溶于100 mL 70%的酒精中(此液可长期保存)。

原液B：取10 mL原液A加入90 mL 5%的石碳酸酚水溶液中(1周内使用)。

染色液：取55 mL原液B加入6 mL冰醋酸和6 mL 37%甲醛(放置2周后使用)。

配方(Ⅱ)：

取配方(Ⅰ)中的染色液2～10 mL加入98～90 mL 45%醋酸和1.8 g山梨醇。此液配制后为淡品红色，如果立即使用，染色较淡，放置2周后，染色能力显著增强，而且放置时间越久，染色效果越好。此液在室温下存放，2年内染色性能保持稳定，无沉淀，也不褪色。

10. 乳酸-卡宝品红染色液

乳酸与卡宝品红染液1∶1混合而成。

11. I-KI(染花粉粒用)

KI 3 g溶于5 mL加热的蒸馏水中，然后将碘1 g溶在上液中，再加蒸馏水到300 mL，装在棕色试剂瓶中，置于暗处。

附录7 培养基的配制

一、果蝇培养基

果蝇成虫和幼虫以成熟发酵的果实上的酵母菌为食，所以在果园和水果摊上均可看到果蝇。在实验室凡能发酵的基质，均能作为果蝇饲料或培养基。下面提供几种培养基配方，供选用。

配方Ⅰ

(1)糖6.2 g，加琼脂0.62 g，再加水38 mL，煮沸溶解。

(2)玉米粉8.25 g，加水38 mL，加热搅拌均匀后，再加0.7 g酵母粉。

配制方法：(1)和(2)混合后加热成糊状之后，加0.5 mL丙酸，即可分装到培养瓶中。

配方Ⅱ

玉米粉15 g，红糖7.5 g，琼脂2.25 g，丙酸0.75 mL，酵母汁半勺，水150 mL。

配制方法：先用水将琼脂加热溶解，再溶入糖，然后慢慢加入玉米粉，边加边搅拌，以防结块，大约煮15 min，成为一种稀糊状。停火，加入丙酸，搅匀。趁热装瓶，冷却后加入酵母汁或少许医用酵母片粉，备用。

在分装培养基前，培养瓶应经过灭菌处理。一般可采用160℃干热灭菌1 h，这样既可以防止真菌污染，也可以杀灭以前瓶中可能残留的幼虫或蛹，防止混杂。分装好培养基（一般倒 2 cm 厚即可）待冷却，然后用棉球或吸水纸擦干瓶内壁，在培养基滴上数滴酵母菌液，稍干燥后即可接种。

配方Ⅲ（北方常用的培养基配方）

红糖 11 g，玉米面 12 g，琼脂 1.5 g，水 100 mL，丙酸 0.7 mL，酵母粉 1 g。

（1）先将琼脂破碎放入总量 1/2 的水量，煮至全部溶化后，加入红糖搅拌均匀。

（2）将玉米面用剩余水的 1/2 调和（可在煮琼脂时调好），倾入煮沸的琼脂红糖混合物中。

（3）用剩余的水洗玉米面容器，并倾入培养基中，不断搅拌，继续煮沸至黏稠均匀为止。

（4）加丙酸，混匀。

（5）趁热将配好的培养基倒入经过灭菌（160℃干燥 1 h 或高压 15 磅 30 min）的培养瓶中，塞上棉塞，冷却后待用。酵母菌或菌液需十分干净，在装果蝇前加入。若条件差时，可在瓶中装入培养基后进行灭菌。也可在用培养基时，将少量 5%～10%酒精倾在培养基上成一薄层后，立即倒出，经 4～6 h 后使用。

注：夏季温度高，培养基发酵快，易干燥，应少加琼脂、糖和玉米面；冬季则相反。

二、细菌培养基

1.营养肉汤培养基（NA 培养基）

牛肉膏	3.0 g
蛋白胨	5.0 g
NaCl	5.0 g

加蒸馏水至 1 000 mL，pH 7.0。

2.淀粉培养基

蛋白胨	10.0 g
NaCl	5.0 g
牛肉膏	5.0 g
可溶性淀粉	2.0 g

加蒸馏水至 1 000 mL，pH 7.0。

3.CB 培养基

蛋白胨	10.0 g
牛肉膏	10.0 g
NaCl	5.0 g

加蒸馏水至 1 000 mL，pH 7.0～7.2。

4.LB 培养基

胰蛋白胨	10.0 g
酵母膏	5.0 g
NaCl	10.0 g

加蒸馏水至 1 000 mL，pH 7.0。

5.SOB 培养基

胰蛋白胨	20.0 g

酵母膏　5.0 g

NaCl　0.5 g

KCl(250 mmol/L)　10 mL

$MgCl_2$(2 mmol/L)　5 mL

加蒸馏水至 1 000 mL，pH 7.0。

6. SOC 培养基

SOB＋葡萄糖(终浓度 20 mmol/L)

7. YT 培养基

胰蛋白胨　8.0 g

酵母膏　5.0 g

NaCl　5.0 g

加蒸馏水至 1 000 mL，pH 7.0。

8. EMB 培养基

蛋白胨　10.0 g

酵母膏　1.0 g

NaCl　5.0 g

KH_2PO_4　2.0 g

加蒸馏水至 1 000 mL，pH 7.2。

灭菌后加入：

伊红(4%)　10 mL

美兰(0.65%)　10 mL

糖(20%)　50 mL

9. 完全培养基(CM)

葡萄糖　20 g

酵母膏　10 g

蛋白胨　10 g

加蒸馏水至 1 000 mL，pH 6.0。

10. 基本培养基(MM)

K_2HPO_4　10.0 g

KH_2PO_4　4.5 g

$(NH_4)_2SO_4$　1.0 g

柠檬酸钠 · $2H_2O$　0.5 g

加蒸馏水至 1 000 mL，pH 7.0。

灭菌后加入：

糖(20%)　10 mL

维生素 B_1(硫胺素)(1%)　0.5 mL

$MgSO_4 \cdot H_2O$ (20%)　1.0 mL

需要时补加：

氨基酸(10 mg/mL)4 mL，终浓度为 40 μg/mL；

碱基(10 mg/mL)4 mL,终浓度为 40 μg/mL;
生物素(10 mg/mL)0.5 mL,终浓度为 5 μg/mL;
链霉素(50 mg/mL)4 mL,终浓度为 200 μg/mL;
利福平(25 mg/mL)4 mL,终浓度为 100 μg/mL;
四环素(5 mg/mL)4 mL,终浓度为 20 μg/mL;
卡那霉素(5 mg/mL)4 mL,终浓度为 20 μg/mL;
氨苄青霉素(50 mg/mL)0.5～1 mL,终浓度为 25～50 μg/mL。

11. NCE 培养基(50×)

KH_2PO_4	19.0 g
$K_2HPO_4 \cdot H_2O$	325.1 g
$Na(NH_4)HPO_4 \cdot H_2O$	175.0 g

加蒸馏水至 1 000 mL,pH 自然。

12. NCE-甘露糖培养基

甘露糖浓度为 0.5%,补加四环素终浓度为 10 μg/mL。

13. 高渗基本培养基(HMM)

基本培养基+甘露醇(终浓度为 0.8 mol/L)

14. 高渗完全培养基(HCM)

完全培养基+甘露醇(终浓度为 0.8 mol/L)

三、粗糙脉胞菌培养基

1. 基本培养基

柠檬酸钠($Na_3C_6H_5O_7 \cdot 2H_2O$)	3.0 g
KH_2PO_4	5.0 g
NH_4NO_3	2.0 g
$MgSO_4 \cdot 7H_2O$	0.2 g
$CaCl_2 \cdot 2H_2O$	0.1 g
微量元素溶液	1.0 mL
生物素溶液(10 μg/mL)	1.0 mL
蔗糖	20.0 g
琼脂	15.0 g

加蒸馏水至 1 000 mL。

2. 杂交培养基

KNO_3	1.0 g
KH_2PO_4	1.0 g
$MgSO_4 \cdot 7H_2O$	0.5 g
NaCl	0.1 g
$CaCL_2 \cdot 2H_2O$	0.1 g
微量元素溶液	1.0 mL
生物素溶液(10 μg/mL)	1.0 mL

蔗糖	20.0 g
琼脂	15.0 g

加蒸馏水至1 000 mL。

3.微量元素溶液(基本培养基和杂交培养基用)

柠檬酸·H_2O	500 mg
$ZnSO_4 \cdot 7H_2O$	500 mg
$Fe(NH_4)(SO_4)_2 \cdot 6H_2O$	100 mg
$GuSO_4 \cdot 5H_2O$	25 mg
$MnSO_4 \cdot 4H_2O$	5 mg
H_3BO_3	5 mg
$Na_2MoO_4 \cdot 2H_2O$	5 mg

加蒸馏水至1 000 mL。

4.补充培养基

在基本培养基上补加一种或多种生长物质,如氨基酸、核酸碱基、维生素等。氨基酸用量一般是100 mL基本培养基中加5~10 mg。

5.完全培养基

基本培养基	1 000 mL
酵母膏	5 g
麦芽汁(可省)	5 g
酶解酪素	1 g
维生素混合液(按下述配方配置)	10 mL
硫胺素	10 mg
核黄素	5 mg
吡哆醇	5 mg
泛酸钙	50 mg
对-氨基苯甲酸	5 mg
菸酰胺	5 mg
胆碱	100 mg
肌醇	100 mg
叶酸	1 mg
蔗糖	20 g

加蒸馏水至1 000 mL,为液体完全培养基。

加2%琼脂,即为固体完全培养基。

6.马铃薯培养基(PDA)

将马铃薯洗净去皮,切碎,取200 g,加水1 000 mL,煮熟,然后用纱布过滤,弃去残渣,滤下的汁加2%琼脂,20 g蔗糖,煮溶,分装到试管中。也可将马铃薯切成黄豆大小碎块,每支试管放4~5块,再加入融化好的琼脂、蔗糖。

上述培养基分装试管后,55.2 kPa(8磅)灭菌30 min,取出摆成斜面,可代替完全培养基使用。

7. 玉米杂交培养基

将玉米浸泡软化，破碎，每管 3～4 粒，加少量琼脂(约 0.1 g)，加棉塞消毒即成，不需斜面。

附录 8　清洗液的配制及玻璃器皿的清洗方法

1. 洗涤液的配制

重铬酸钾	20 g
浓硫酸(工业用)	100 mL
蒸馏水	100 mL

将重铬酸钾先溶于水中，然后将浓硫酸一滴滴慢慢加入，并搅动不使其发热。配好后盛在有玻璃塞的容器内，以防氧化变质。此液可反复使用，一直到变为蓝色为止。

2. 玻璃器皿的清洗方法

实验过程中所使用的玻璃器皿要保持洁净。如玻片上不应该有斑点、划痕。制片前要将盖玻片、载玻片等玻璃器皿洗净。否则，尘埃、酸碱性物质或油脂等杂质既影响观察效果，又影响染色的效果，使材料在载片上粘贴不牢而掉落。新的盖、载玻片，可以放入 95%酒精∶盐酸＝100∶2 的混合液中，浸泡数小时至一天，再用流水冲洗干净，放在空气中干燥或用清洁的绸布擦干；如暂时不用，可浸于 95%的酒精中备用。陈旧玻片的清洁方法：将玻片放入肥皂水(自来水中加适量肥皂粉)中煮沸 10～20 min。在热水中洗去树胶等物，再用流水将玻片洗净；自然干燥或用细布将玻片擦干。

若实验中对一些玻璃器皿的清洁度要求较高，可将玻璃器皿投入到上述洗涤液中浸泡 30 min。取出时，用流水冲去残留的洗液。再用蒸馏水洗净，备用。

参考文献

[1] 吴鹤龄，林锦湖. 遗传学实验方法和技术. 北京：高等教育出版社，1983.
[2] 马鸿图，G. H. Liang. 高粱幼胚培养及再生植株变异的研究. 遗传学报，1985，12(5)：350-357.
[3] 刘祖洞，江绍慧. 遗传学实验. 2 版. 北京：高等教育出版社，1987.
[4] 刘世强. 实用遗传学. 沈阳：辽宁科学技术出版社，1986.
[5] 赵文耀. 遗传学第一、第二规律的新实验材料——紫冠非甜质和非紫冠甜质玉米. 生物学通报，1987，1：42.
[6] 卢圣栋. 现代分子生物学实验技术. 北京：高等教育出版社，1993.
[7] 杨汉民. 细胞生物学实验. 北京：高等教育出版社，1993.
[8] 盛祖嘉. 微生物遗传学. 北京：科学出版社，1994.
[9] 鄢慧民，袁文静. 遗传学实验. 武汉：武汉大学出版社，1994.
[10] 申宗坦. 作物育种学实验. 北京：中国农业出版社，1995.
[11] 白志良，王良群，郑丽萍，等. 高粱不同外植体离体培养. 华北农学报，1995，10(1)：60-63.
[12] 卢龙斗，常重杰. 遗传学实验技术. 合肥：中国科技大学出版社，1996.
[13] 李德葆，周雪平，许建平，等. 基因工程操作技术. 上海：上海科学技术出版社，1996.
[14] 李懋学，张赞平. 作物染色体及其研究技术. 北京：中国农业出版社，1996.
[15] 王关林. 植物基因工程原理与技术. 北京：科学出版社，1998.
[16] 刘巧泉，张景六，王宗阳，等. 根癌农杆菌介导的水稻高效转化系统的研究. 植物生理学报，1998，24(3)：259-271.
[17] 王亚馥，戴灼华. 遗传学. 北京：高等教育出版社，1999.
[18] 沈秀荣，沈萍，李广武. 微生物学实验. 3 版. 北京：科学出版社，1999.
[19] 王忠孝. 山东玉米. 北京：中国农业出版社，1999.
[20] 邢少辰，蔡玉红，周开达. 植物多倍体研究的新进展. 吉林农业科学，2001，26(3)：12-15.
[21] 沈萍. 微生物学. 北京：高等教育出版社，2002.
[22] 蔡绍京. 细胞生物学与医学遗传学实验指南. 上海：第二军医大学出版社，2002.
[23] 刘纪麟. 玉米育种学. 2 版. 北京：中国农业出版社，2002.
[24] 季道藩. 遗传学实验. 北京：中国农业出版社，2003.

[25] 帅素蓉. 普通遗传学实验教程. 成都：四川科学技术出版社，2003.
[26] 张贵友，吴琼，林琳. 普通遗传学实验指导. 北京：清华大学出版社，2003.
[27] 王建波，方呈祥，鄢慧民，等. 遗传学实验教程. 武汉：武汉大学出版社，2004.
[28] 赵斌，何绍江. 微生物学实验. 北京：科学出版社，2002.
[29] 杨大翔. 遗传学实验. 北京：科学出版社，2004.
[30] 郭善利，刘林德. 遗传学实验教程. 北京：科学出版社，2004.
[31] 祝水金. 遗传学实验指导. 2 版. 北京：中国农业出版社，2005.
[32] 卜宁，马莲菊. 普通遗传学实验. 长春：吉林人民出版社，2006.
[33] 黄大年，王慧中，郭龙彪. 水稻转基因研究及其育种，北京：中国农业科学技术出版社，2006.
[34] 侯秀英. 普通遗传学实验指导. 沈阳：沈阳农业大学自编教材，2007.
[35] 闫绍鹏. 遗传学实验指导. 哈尔滨：东北林业大学出版社，2007.
[36] 张文霞，戴灼华. 北京：高等教育出版社，2007.
[37] 卢龙斗，常重杰. 遗传学实验技术. 北京：科学出版社，2007.
[38] 刘庆昌. 遗传学. 北京：科学出版社，2009.
[39] 洪德林. 作物育种学实验技术. 北京：科学出版社，2010.
[40] 穆国骏，杨先泉. 遗传学实验教程. 北京：中国农业大学出版社，2012.
[41] 刘祖洞，乔守怡，吴燕华，等. 遗传学. 3 版. 北京：高等教育出版社，2013.
[42] 周洲，程罗根. 遗传学实验. 北京：科学出版社，2013.
[43] 郭玉华. 遗传学. 北京：中国农业大学出版社，2014.
[44] 吴仙花，李贺，施利利，等. 肠出血性大肠埃希菌 *EIS* 基因的克隆与植物表达载体的构建. 贵州农业科学，2014，42(5)：12-15.
[45] Murray N E，Murray K. Manipulation of restriction targets in phage λ to form recaptor chromosomes for DNA fragments. Nature，1974，251：476.
[46] Dunstan D I，Short K C，Dhaliwal H，et al. Further studies on plantlet production from cultured tissues of sorghum bicolor，1979，101，355-361.
[47] Murty U R，Visarada，Annapurna A，et al. Developing tissue culture system for sorghum，Sorghun bicolor（L.）Moench. I. Embryogenic callus induction for elite genotypes，1990，18（3）：257-262.
[48] Lyon M E. Some milestones in the history of X-chromosome inactiveation. Ann Rev Genet，1992，26：17-28.
[49] Graf U，Van Schaik N. Drosophila genetics：A practical course. New York：springer Verlag，1992.
[50] Hiei Y，Ohta S，Komari T，et al. Efficient transformation of rice（*Oryza sativa* L.）mediated by Agrobacterium and sequence analysis of the boundaries of the T-DNA. The Plant Journal，1994，6：271-282.
[51] Jahier J. Techniques of Plant Cytogenetics. Science Publishers，Inc.，1996.
[52] Xiao H，Fu Y P，Zhang J L，et al. Production of large scale transgenic rice plants for transposon tagging via Agrobacterium. In Sixth International Symposium on Rice

Molecular Biology. Shanghai & Hangzhou: 1998, 75.

[53] Rider C L, Matsudaire P, Willson L. Mitosis and Meiosis (Methods in cell biology, Vol 61). New York: Academic Press, 1999.

[54] Greenspan R J. Fly pushing: the theory and practice of Drosophila genetics. Cold Spring Harbor Laboratory Press, Cold Spring Harbor, New York, 1997.

[55] Strachan T, Pead A P. Human molecular genetics, 2nd. New York: Wiley-Liss, 1999.

[56] Leland H, Leroy H, Michael L G. Genetics. McGraw-Hill companies, 2000.

[57] Ashburner M, et al. Laboratory culture of Drosophila, In, Sullivan W, et al, Drosophila protovols, Cold Spring Harbor Laboratory Press, Cold Spring Harbor, New York, 2000.

[58] Thomas R M, Robert L H. Genetics: Laboratory Investigations. New Jersey: Prentice Hall Upper saddle River, 2001.